U0817677

华夏文库
经典解读系列

伦常的法则

——《孝经》道理

刘春颖 著

大地传媒 | 海燕出版社

“华夏文库”发凡

毫无疑问，每一个时代都有属于自己时代的精神追求、文化叩问与出版理想。我们不禁要问，在21世纪初叶，在全球文明交融的今天，在信息文明的发轫初期，作为一个中国出版人，我们正在或者将要追求什么？我们能够成就或奉献什么？我们以何种方式参与全球化时代的文化传播进程？在一连串的追问下，于是，有了这套“华夏文库”的出版。

自信才能交融。世界各大文明在坚守自身文化个性的同时，不约而同地加快了探视其他文化精神内涵的步伐，世界不同文明正在朝着了解、交流、碰撞、借鉴与融合的方向前进。在此背景下，建立自身的文化自信，正是与世界各文明民族进行文化交流的基本要求。五千年中华文明与文化正在不断地被其他文明所发现、所挖掘、所认知，汉语言正在生长为世界语言，儒文化正在世界各地生根发芽。借助这样一种正在成长着的文化自信、自觉、开放、亲和之力，用我们这个时代的学术眼光全面系统梳理中华五千年的文明与文化，向其他各大文明与文化圈正面展示自我，让中华优秀文化成为世界文化的重要组成部分，正是我们出版这套文库的目的之一。此其一。

知己才能知彼。身处五千年文化浸润的今天，重新思考我们先人的人生思考、价值思考与哲学思考，找到一个民族、一个国家的价值所在、立命所在、安身所在，这已经是我们这个时代的学人与出版人不得不再思考的问题。作为中华文明的一分子，我们在思考的同时，还必须了解我们的先人创造了如何优秀的精神文明与物质文明以及社会文明。只有熟知自己的文化，热爱自己的文化，悟明自己的文化，我们才能宣说自己、弘扬自己、光大自己。因此，我们策划组织这套“华夏文库”的初衷，还在于让当下的知识青年全面系统瞭望中华文明与文化的全景，并借此能够对更为深广的世界各民族文化提供一个比较认知的基础。此其二。

顺势才能有为。我们正处在农耕文明、工业文明、信息文明的交会处，信息文明带领我们从读纸时代进入读屏时代，以智能手机屏幕为代表的书籍呈现方式正在与纸质书籍争夺阅读时间与空间。我们正在领悟数字技术，正在以信息文明的视角，去整理、分析和研究农耕文明与工业文明的文化遗产，不仅仅是为了唤醒优秀的传统文化，我们还在生发和原创着当今时代的文化。由此，我们试图架起一座桥梁——由纸质呈现而数字呈现，由数字呈现而纸质呈现，以多媒介的书籍呈现方式，将文字、图像、声音与视频四者结合，共同筑成“华夏文库”，以奉献给信息文明时代的新读者。此其三。

总之，这是一套——专家大家名家写小书；以最小的阅读单元，原创撰写中华精神文化、物质文化与社会文明系列主题与专题；以图文、音视频多媒介呈现的方式，全面介绍与传播中华文明与优秀文化，系统普及与推介中华文明与文化知识；主旨是为了让世界与中国共同了解中国的——大型丛书，借此，复兴文化，唤起精神，融入世界。

耿相新

2013年6月27日

永远的《孝经》

十三经中，它的字数最少，仅一千七百九十九字；它的语言最平，都是日常生活的简单描述。但是它却引来无数注视的目光，历史上数位君王和五百多位学者为它注解释义，它影响了中国两千多年的历史，并且还将继续发挥它的导向力量。它就是《孝经》——一部关乎我们每一个人修身齐家的“《圣经》”。

孝道一直都是统治者教化的根本和治国的基本方略，《孝经》一出，就使得“孝治天下”有了理论根据。经历秦火之后，汉文帝开始设置《孝经》博士，发给《孝经》研究成就突出者优厚的俸禄，给注重孝道的人奖赏，把他们树立为民间孝行的榜样。汉武帝把《孝经》作为对太子、诸王进行教育的主要教科书，从此《孝经》成为了中国皇家子弟的必读书。

魏晋南北朝时期，分裂混乱三百多年，佛教、道教冲击着正统的儒家学说。然而，作为儒家核心的孝却得到了加强，《孝经》成为了显学，民众纷纷以孝为荣，行孝成为了一种时尚风气。

《孝经》就这样备受推崇地走过了隋朝，又来到了唐朝。“玄武门之变”让人对《孝经》在这个时代的命运充满担忧，可唐朝其实是一个极为重孝的朝代，高祖李渊一开始就卖力地提倡《孝经》，宣扬孝道。或许太宗也曾反思自己的举动，也曾在深夜里愧疚，于是他经常亲自到太学听经师孔颖达讲《孝经》。当然，在唐代，最重视《孝经》的应该要属唐玄宗，他亲注《孝经》。玄宗不是中国历史上第一位给《孝经》作注释的皇帝，却是最为出名的一位。清朝阮元在编选十三经的版本时，比较多种注释之后，挑选了唐玄宗注的《孝经》，于是我们今天能够有幸见到《十三经注疏》中唯一一部皇帝注的经书——《孝经》。

到了宋代，统治者认为要想让老百姓顺从，最好的方法就是推广孝道，这样不费一兵一卒就能国泰民安，《孝经》的政治作用得到了极大的发挥。

经历了辽、金、西夏、元的频繁更替，历史跌跌撞撞却大摇大摆地来到了明朝。明太祖朱元璋无疑是中国历史上在和平时期诛杀大臣最多的一个人，但是他却也是自称“孝子皇帝”的第一个人，他称《孝经》是“孔子明帝王治天下之大经大法，以垂万世”。

历史的车轮滚滚向前，满族人骑马入关。清初的三个皇帝都在努力完成同一本书，那就是对《孝经》的研究成果进行系统整理。这个从顺治帝开始的巨大工程，到康熙年间终告结束，于是有了洋洋一百卷的《孝经衍义》。但是这部书的规模实在太大了，又过于学术化，对老百姓来说，读来是相当困难的，自然问津的人就少。后来雍正皇帝绞尽脑汁地想要把这部书变成通俗读物，于是要手下大臣把一百卷的《孝经衍义》压缩为一卷。

新文化时期，传统思想遭到前所未有的冲击批判，但是对于孝道，新知识分子并没有抛弃。陈独秀说：“我们不满意于旧道德，是因为孝悌范围太狭了……所以现代道德的理想，是要把家庭的孝悌扩充为全社会的友爱。”

十年浩劫，传统文化被视为封建糟粕全盘否定。再之后，人们一味追求物质生活，道德水准有所下降，不孝父母不敬老人的事时常发生，人伦关系出现危机。渐渐地，人们开始反思，于是重又拾起了传统文化的精华，对《孝经》的关注又多了起来，很多人认真研读《孝经》，思考《孝经》中蕴含的道理。

一部《孝经》，历经沧桑岁月而不衰，除了政治统治需要之外，更是因为它是每一个人的道德准则。践行孝道，是每一个人做人的本分，所以它自然而然，源远流长。

目 录

一 天经地义——孝是真纯

4 孔门弟子中的另类——“愚钝者”曾子
8 天经地义，民是则之——百善孝为先

二 孝有百用——孝的功能

14 不遗小国之臣——孝治天下
18 不侮于鳏寡——以孝治国
21 不失于臣妾——家和万事兴
25 不恶慢于人——善待他人
28 人之行，莫大于孝——以孝修身

三 孝之五等——孝也分身份

34 爱敬事亲，德教百姓——帝王与孝道
37 不骄不危，制节谨度——低调的诸侯

41 口无择言，身无择行——相对的自由
44 忠顺不失，以事其上——骑士精神
48 谨身节用，以养父母——平常人的点滴孝心

四 “五要”“三戒”——最起码的孝行

54 居则致其敬——敬老：有敬才是孝
57 养则致其乐——养老：让父母快乐地生活
61 病则致其忧——亲老：病床前的考验
65 丧则致其哀——送老：有一种哀伤叫化悲痛为力量
69 祭则致其严——尊老：事死如事生
73 戒居上而骄——放低你的姿态
77 戒为下而乱——不要兴风作浪
81 戒在丑而争——不要误会了上进

五 不能承受之罪——不孝之罪

88 大乱之道——天下祸乱根源
91 非议孝者目无亲——闭上诽谤的嘴巴
94 不孝者弃市——可知，可知是要杀头的
97 不孝罪位列十恶——小心，小心你的一举一动

六 生命的意义——孝之始终

104 身体发肤，不敢毁伤——孝之始：敬畏生命
107 孝事父母，敬忠事君——孝之中：实现生命的价值
110 立身行道，扬名后世——孝之终：让生命之光永恒

114 患不及者，未之有也——孝无终始：别拿忙碌当借口

七 学会说不——孝之抉择

120 忠孝并举——忠孝一体的完美理想
124 两难选择——自古忠孝难两全
128 谏诤之义——孝顺，而不是盲从
132 悖德之行——怎可不爱父母爱别人
135 君子之仪——谦谦君子的六种特质

八 天地万物感应孝——孝的不同维度

142 女人的智慧——女孝
145 超脱世俗的孝道——佛家之孝
149 不一样的学说一样的孝——诸子论孝
152 天地万物感应孝——若要安好，请行孝

一

天经地义

——孝是真纯

第一章

開宗明義　仲尼居曾子侍子曰先王有至德要道以順天下民用和睦上下無怨汝知之虖曾子辟席曰參不敏何足以知之子曰夫孝德之本也教之所繇生也復坐吾語汝身體髮膚受之父母不敢毀傷孝之始也立身行道揚名于後世以顯父母孝之終也夫孝始于事親中于事君終于立身大雅云無念爾祖聿脩厥德

孝是人类最自然的情感，是子女对父母血亲之爱的感知、尊重与回报。孝道源于人类的自然本性，从殷商时期厚葬祭奠祖先，到周代孝敬老人，再到春秋时期倡导以孝治天下，圣人孔子与贤弟子曾参论学谈孝，一部《孝经》应运而生，传承两千多年，历久弥香。

孔门弟子中的另类

——“愚钝者”曾子

孔子弟子三千，七十二贤，而最为有名的是孔门四科十哲。四科是德行、言语、政事、文学，十哲分别是德行科四人：颜渊、闵子骞、冉伯牛、仲弓；言语科两人：宰我、子贡；政事科两人：冉有、子路；文学科两人：子游、子夏。

孔子主张“有教无类”，而且对学生一视同仁，但是人都是有感情的，再公正的老师心里都会有自己最喜爱的学生，这是人之常情，无可厚非。孔子就对这十个弟子极为器重，而这十个人也确实非常像样。比如说德行科中的颜回，是孔子最得意的弟子，他出身贫贱却敏而好学，能闻一知十，注重仁德修养。孔子曾动情地赞叹这个学生说：“贤哉，回也！一箪食，一瓢饮，在陋巷，人不堪其忧，回也不改其乐。贤哉，回也！”（《论语·雍也》）翻译成现代汉语，就是颜回真是难得啊！用一个竹筒吃饭，用一个瓜瓢喝水，住在陋巷里。要是一般人，一定忧烦难受，可颜回却安然处之，没有改变向道好学的乐趣！颜回多么贤明啊！可惜颜回早逝。颜回去世时，孔子哭得很伤心，他说：“自从我得了颜回以后，弟子们就更加亲和向学了……他发了怒，很快就会消解，从不把愤怒转移到别人身上；有了错误，马上改正，决不再犯。可惜他短命死了，现在就没有这样好学的人了。”

再比如言语科的子贡，子贡就是端木赐，比孔子小三十一岁，卫国人。他口才很好，雄辩滔滔，又能料事。子贡最善于搞外交活动，曾在齐、吴、越、晋诸国间游说，使吴国攻齐，从而保全了鲁国。孔子很器重子贡，有一次，孔子问他说：“和颜回相比，你自认为如何？”子贡谦逊地答道：“我哪里敢和颜回相比？他听到一分，可以了解出十分；我听到一分，只能领悟到二分。”子贡很擅经商，家境非常富有，是春秋时期著名的富商。孔子死后，子贡守墓六年，师生之情胜过父子。

十哲中个个都很优秀，可十哲中没有曾子的名字。在孔子看来，弟子曾参是不够聪明的，他曾这样评价他的这个弟子：“参也，鲁。”也就是说曾参原本是个资质愚钝的人。然而正是这样一个资质愚钝的弟子，性情沉静，举止稳重，为人谨慎，待人谦恭，以孝著称。据说齐国想要请他去当卿大夫，他因为要在家孝敬父母，就推辞不去就任。

曾子心系父母，每天都要问候父母穿得暖不暖，睡得舒不舒服。据说有一天他上山砍柴，结果家中来了客人，母亲一个人在家，不知道怎么接待，便急中生智咬破了自己的手指。正在砍柴的曾子突然觉得心中一痛：“是不是家里发生什么事情了？”忧虑不安的曾子急忙赶回家里，才知道原来家里来了客人。那个时候没有手机，也没有网络，母亲不知道怎么叫他回来，只好咬破手指给他感应。

曾子重孝道，他知道父慈子孝兄友弟恭的道理，于是什么时候都不忘做一个好儿子、好父亲。《韩非子》中记载了一则很有生活气息的故事。曾子的夫人到集市上去，他的儿子哭着闹着要跟着去。曾夫人对儿子说：“你先回家待着，待会儿我回来杀猪给你吃。”她刚从集市上回来，曾子就要捉猪去杀。曾夫人劝止说：“只不过是跟孩子开玩笑罢了。”曾子说：“可不能跟他开玩笑啊！小孩子没有思考和判断能力，要向父母亲学习，听从父母亲给予的正确的教导。现在你欺骗他，这是教孩子骗人啊！母亲欺骗儿子，儿子就不再相信自己的母亲了，这不是实现教育的方法。”于是曾子就杀猪煮肉给孩子吃。

正是由于曾参极重孝道，孔子才跟他说“孝”，才有了圣贤关于“孝”的种种问答，才有了记录他们谈孝的《孝经》，很多人因此认定这就是孔圣人所作，也有人说是弟子曾参所作，可这都没有确切的证据能够证明《孝经》出自孔子或者曾子之手。《孝经》一书的作者，一直都像是一个当红明星的绯闻，各种猜测不断，有人认为是孔子的孙子子思所作，有人认为是孔子门人所作，有人认为是曾子门人、孟子弟子所作等等，甚至还有人认为是汉代儒生伪造的哩。

虽然无法确定《孝经》的作者，但是毫无疑问的是，它记录的是孔子与曾子的对话，是圣人对弟子的谆谆教诲，是圣人对世人的殷殷劝说。

曾参在孔门弟子中的地位原本不太高，不入“孔门十哲”之列，但是孔子对这个“愚钝”的弟子也是很满意的，因为他认为这个弟子很有操守。史书记载曾子穿着很破旧的衣服在耕田，鲁国的国君派人要封给他一块地，曾子坚决不受。再送来，曾子还是不受。使者说：“这又不是你向人要求的，是别人送给你的，你为什么不受？”曾子说：“我听说，接受别人馈赠的东西，心里就会害怕得罪馈赠者；给了人家东西的人，就会对接受东西的人显露骄色。那么，就算国君给我赏赐而不对我显露一点骄色，但我能不因此害怕得罪他吗？”孔子知道这件事后说：“曾参能有这样的思想，是足以保全他的节操的。”

曾子一生都在尽守礼约、躬守孝道。他曾说过：“士不可以不弘毅，任重而道远。”于是，他坚持“吾日三省吾身”，每天都在反省，每天都在鞭策自己，最后这个愚钝者终于被历史认同。唐玄宗时追封他为“郕伯”，北宋徽宗时加封为“武城侯”，南宋度宗时加封为“郕国公”，元至顺元年加封为“宗圣公”，到明世宗时改称为“宗圣”，地位仅次于“复圣”颜渊。曾子以他的建树，终于走进大儒殿堂，与孔子、孟子、颜子、子思比肩共称为五大圣人。

天经地义，民是则之

——百善孝为先

清人王永彬《围炉夜话》中有一句话，叫作“百善孝为先”。从此，数千字的《围炉夜话》，抵不过这一句“百善孝为先”的名声。

为什么以孝为百善之先？为什么把孝放在了金字塔的顶尖？

我们不难理解，一个人若不能对父母尽孝，怎么可能善待别人？又怎么可能贡献于社会？而一个人若是极尽孝道，那么不管做什么，在行动之前就会认真思考一下，不能做的事是绝对不会去做的，所谓“常存仁孝心，则天下凡不可为者，皆不忍为”就是如此。这样就会少很多作奸犯科的事，多一些和善之举。比如东汉的时候，有一个叫黄香的人，九岁的时候母亲就去世了，他与父亲相依为命。炎炎夏日，他为父亲摇扇驱赶蚊子，扇凉枕头；寒冬腊月，他脱掉衣服为父亲暖被窝，等被子暖了才服侍父亲睡下，然后自己再穿上衣服接着学习。孝顺的黄香做事从来不敢逾越规矩。后来黄香入朝当了官，他勤政为民，碰到灾年时，他倾家荡产救济灾民。这就是百善孝为先。

那么，作为百善之先的“孝”到底有哪些含义？孝道的根源又是什么？

《孝经·三才》告诉我们说，孝是“天之经也，地之义也，民之行也”。

孝，就像天上的日、月、星辰运行有常规一样，是符合天道自然常规的行为；就像大地有山川高下、水泉有流通准则一样，是符合大地万物运行准则的行为；孝是人们履行人的本性的行为。也就是说孝道源于天地运行、万物生长的自然法则，符合人的自然本性。

既然孝是与人的自然本性相连的，那么，在人类产生之初的原始社会应该就已经有孝道意识了吧。也许有人会想，在那个荒蛮的原始社会，人们过的是群居生活，靠采集野果子挖掘草根填饱肚子，或者是集体打渔狩猎。为了争抢食物，总会遭受外族或猛兽的侵袭，只有集体抵抗才能有人活下来。这个时候，人们崇拜的是力量和勇敢，年轻、健壮、刚强无畏的人赢得尊敬，而年老、体弱、怯懦的人不仅得不到尊重，甚至还会成为牺牲品。那么，根本不可能产生“孝”的观念。

可是，事实真的是这样吗？

我们无从考证，我们只能想见在那个古老的时期，人类为了生存和繁衍，必定是极度尊敬母性的，母爱如河——源源不断的乳汁正像河流给人类提供的生存必备的水一样。当人类能够抵御猛兽并在天灾下生存时，稳定和更高质量的社会生活开始了，父亲在人类内部斗争中的保护者角色变得重要起来，对父亲的尊重也就越来越明显。父爱如山——抵挡洪水猛兽，带来食物，免死于战祸，如大山般坚强可靠。正是这种来于自然、融于自然的原初意识，奠定了朴素的孝道观念。

再翻开有文字以来的最早的历史记载，配合考古的发现，我们能够知道殷商时代厚葬的习俗和祭祀祖先的记载。殷人对祖先的厚葬以及虔诚的祭祀，是一种崇敬与追念，是一种祈求祖先亡灵保护庇佑自己的心愿。

周代的人们也虔诚地祭祀祖先，他们和殷商时期的人们一样，期望得到祖先的保佑。然而周人从殷商亡败的教训中，看到了人的力量的重要性，也看到了人的繁衍和教育与父母息息相关，看到了家庭稳固同社会安定密切相连，于是在虔诚祭祀祖先之外，更注重对活人的尊敬，增加了对父母的孝敬。

人类摸索着向前发展，春秋时代开始使用铁器、推广牛耕，人们逐渐从对虚无缥缈的天神世界的期望，回到现实生活中。孔子等人大谈孝道，他们从人的自然本性出发，又将孝义推广到社会。后来孝道思想从零散的言论逐渐发展完善，形成了孝的理论，《孝经》就是这样应运而生的。这是历史的必然。从此，孝道作为中国传统文化的核心地位确定了下来，虽然经历秦火，又经历十年浩劫，但《孝经》依然传承下来，依然闪耀着光辉。

然而在当今社会，随着社会的急剧变革和科技的飞速进步，父母祖辈的劳动生产经验似乎显得无足轻重，孝道在人们心中渐渐让位给了现实利益，这不得不说是在科技突飞猛进、人类生活水平越来越高的时代里，人们思想和意识形态的一种倒退。

这种倒退就好比一棵参天大树忘记了“根”。如果没有雨水甘露的浇灌，树根就会因为得不到滋养而枯萎，树根枯萎了，无论这棵树多么高大苍翠，最后也只能是死亡的结局。而这棵树正如一个人、一个家族，树根就是我们每个人的根——父母祖上，孝道便是浇灌树根的甘露。如果没有孝道的灌溉，生命的根基便会渐渐枯萎，无论你自身如何去拼搏去努力，梦想中人生大树的枝繁叶茂也都无从谈起。

二

孝有百用

——孝的功能

第七章

三才　曾子曰甚哉
孝之大也子曰夫孝天
之經也地之義也民之
行也天地之經而民是
則之則天之明因地之
利以順天下是以其教不
肅而成其政不嚴而治
先王見教之可以化民
也是故先之以博愛而
民莫遺其親陳之以
德義而民興行身之以
敬讓而民不爭導之
以禮樂而民和睦示
之以好惡而民知禁詩
云赫赫師尹民具
爾瞻

中国人重视孝道，将孝视为众德之本，而孝道的宗旨是修身、齐家、治国、平天下。以孝治天下，万国归顺天下安定；以孝治国，万民归心国泰民安；以孝治家，家庭和睦家族兴旺；以孝待人，真诚互助情满天下；以孝修身，德才兼备成功在望。

不遗小国之臣

——孝治天下

自古以来，帝王都推崇“以孝治天下”。《孝经》开篇《开宗明义》中，孔子问曾子说：“先王有至德要道，以顺天下，民用和睦，上下无怨，汝知之乎？”

这是说，古代的圣德帝王有个治理天下的法宝，能让天下人心顺服，天下百姓因此而互相协调亲睦，上下尊卑都和和气气而没有怨恨，你知道这个法宝是什么吗？

曾子避席曰：“参不敏，何足以知之？”

古代人的坐姿与现代不同，那时人坐在铺有席子的地上，两膝着地，脚底向上，臀部坐在脚跟上。曾子避席就是指曾子站起来，这个尊师重长的学生赶紧向老师行礼，说：“学生愚笨而不够聪明，怎么能明白这样深刻的道理呢？”

孔子于是把这个法宝说了出来：“就是一个孝字啊。”

孝是至高无上的品行和最重要的道德，孝能够使天下人心归顺，百姓和睦相处，能够平治天下。那么，为什么孝能有如此巨大的功用呢？孔子后来解释说：“昔者明王以孝治天下也，不敢遗小国之臣，而况于公、侯、伯、子、男乎？故得万国之欢心，以事其先王。”——古代的圣明天子，他们用孝道治理天下。这些人“不敢遗小国之臣”，即使当小诸侯国的大夫前来聘问时，都给予很有礼节的接待，而不敢怠慢，更何况是对于爵位尊贵的公、侯、伯、子、男这些诸侯呢？能够这样去做，自然得到所有诸侯国的欢心，他们主动按照各自的职责，前来宗庙助祭历代先王。

圣明的天子都懂得以孝治天下的妙处，尧就是这样一个“以孝治天下”的圣贤之王。传说尧当上天下共主之后，并没有因此而骄横傲慢。他勤于政事，不敢休息，礼仪简单，生活俭朴。他始终用一种谦恭的态度对待天下百姓。他大力提倡道德与和顺，他制定法度，禁止欺诈；他设置谏鼓，让普通人都能对国事发表意见；他树立谤木，鼓励百姓批评自己的过失。他说：“如果有一个人挨饿，就是我饿了他；如果有一个人受冻，就是我冻了他；如果有一个人获罪，就是我害了他。”尧无微不至地关心百姓，轻徭薄赋，因此百姓都十分拥戴他。

“孝治天下”的道理，帝王遵循，老百姓也明白，汉代的班昭就以“孝治天下”为由说服了皇帝，救回了自己的兄长。

作为一个女人来说，班昭无疑是很风光的，她常被召入皇宫，教授皇后及诸贵人诵读经史，宫中尊她为师。风光的女人总有独特的魅力，班昭的魅力来自于她特别的能力。班昭不仅文采出众，还非常智慧，人们所熟知的她帮哥哥班固修《汉书》的故事就是她能力的证明。《汉书》是我国的第一部纪传体断代史，是正史中写的极好的一部，与《史记》齐名。其实还在班昭的父亲班彪在世的时候，就开始了这部书的写作工作，她的父亲死后，她的哥哥班固继续完成这一工作。班固也是一个很优秀的男人，他九岁能作文，稍大一点，博览众书，九流百家之言无所不通，不料就在他快要完成《汉书》时，却因窦宪一案的牵连，死在狱中。班昭痛定思痛，接过亡兄的工作继续前进，在她四十岁的时候，终于完成了《汉书》。

其实班昭还有一个哥哥叫班超，我们现在常用的两个成语

“投笔从戎”和“不入虎穴，焉得虎子”就是由他的口语演化而成的。班昭用“孝治天下”的道理解救了她的这个哥哥，她的智慧、勇敢和文采又一次完美地呈现出来。故事得从班超出使鄯善国说起。

班家文臣居多，班超原本也是一个颇有文采的人，但他不满足于替别人抄书的职业，便借着机会出使鄯善国，带领三十六人杀了匈奴的使臣迫使鄯善国归顺汉朝。智勇过人的班超纵横沙漠，宣扬国威，以功封定远侯，拜西域都护，风光无限。转眼，三十多年过去了，当年一起打拼的老战友也都死了，班超也将近七十岁了，想回家了，他给皇帝写了一封奏书请求回国。可是当时班固正受牵连在狱中受审，皇帝哪里有心情理会班家的请求？

后来班固死在了狱中，客居异乡的班超没有获准回来。班家人等啊等，等了三年，朝廷还是没有理会班超的请求。班昭终于不想再漫无目的地等下去了，于是不顾一切地给皇帝上书：

妾窃闻古者十五受兵，六十还之，亦有休息不任职也。缘陛下以至孝理天下，得万国之欢心，不遗小国之臣，况超得备侯伯之位，故敢触死为超求哀，乞超余年，一得生还；复见阙庭，使国家永无劳远之虑，西域无仓猝之忧，超得长蒙文王葬骨之恩，子方哀老之急。

《后汉书·班超传》中记录了班昭的这篇《为兄超求代疏》。班昭先说汉朝的体制，十五岁当兵，六十岁退伍，之后就可以免除兵役不任职了，暗指我的哥哥已经七十岁了，还在戍守边疆，于情于理都不合。紧接着搬出《孝经》来说理：以至孝理天下，得万国之欢心，不遗小国之臣，可是我的哥哥班超贵有侯爵之位，若是不理会他的请求，岂不是有违孝治天下的道理？那么，我就冒死为我哥哥苦苦哀求，希望把他剩下的风烛残年从皇帝那里讨回来，让他活着回来看一看陛下的宫殿，让他安度晚年。最后，班昭又用了两个典故，“文王葬骨”是指文王非常仁厚，连死人的骨头都不忍心让他暴露在野外，要掩埋起来，所以大家都觉得应该到文王的周国去定居。“子方哀老”是说战国时期魏文侯的老师田子方看到有一匹马老了，不能拉车不能骑，人们认为给它喂粮食是浪费，就想让它自生自灭了。田子方说：“这匹马一辈子为人付出了，现在没用了，大家这样对它，有伤仁爱，这样不行，那就让我来养它吧。”

班昭化用典故，引用《孝经》，这个奏书递上去之后，主张“孝治天下”的皇帝怎么好意思再无动于衷？于是马上诏令班超回国。班超回来后不久就死了，但他总算是在死前见到了自己的国家、自己的家人，叶落归根，死而无憾。

不侮于鳏寡

——以孝治国

孝治天下，天下安定。《孝经·孝治》说："治国者，不敢侮于鳏寡，而况于士民乎？故得百姓之欢心，以事其先君。"——诸侯们以孝道治理国家，对最为卑微的鳏夫、寡妇都不敢有所轻慢，何况是对待有身份的士人和庶民呢？因此能得到全国民众的欢心拥戴，而主动献物给诸侯以祭祀诸侯先君。

历朝历代的君王们身处高位，为达保国目的，都极重孝道，爱护百姓、体恤关照鳏寡孤独与弱势群体。史书记载汉文帝刘恒登基后的第一道圣旨便是"大赦天下"，这与其他皇帝倒是也没有什么不同，只是他的第二道圣旨就有些独特了——"诏定赈穷的养老之令"——赐给八十岁以上的老人每人每月米一石、肉二十斤、酒五斗；九十岁以上的老人每人再加赐帛两匹、絮三斤。赐给九十岁以上老人的物品，必须由当地的地方官亲自送达，以示尊老之意。

以孝治国，从敬重天下的老人开始，后来的帝王纷纷仿效，《魏书·高祖纪》载北魏孝文帝诏告天下"民八十以上，一子不从役"。唐朝为了保证老有所养，规定家有年迈父母者可免除一名子女的劳役或徭役。明代则有了详细的养老政策。朱元璋下令"民年有七十以上者，许一子侍奉，免其杂泛差役"——年龄在七十以上的老人，可免除其一个儿子的所有徭役，用来赡养老人。朱元璋还提倡终身养老制，洪武十九年(1386)和二十年，太祖连续两次颁发诏令，宣布实行孤贫老人终身养老制度。如洪武十九年的诏令："今特命有司，存问高年，优恤无告，鳏寡孤独、废疾残疾者，收入孤老，岁给所用，使乃天年。"明成祖朱棣统治时期，朝廷再次规定，七十岁以上的老人如果没有人赡养，则由政府出钱来予以解决。明英宗时代，仍然尊重老人、重视养老，对于百岁以上的老人，国家给他定制高级、华美的正装，给予极大的奖励和荣誉，在整个社会树立和形成一种尊老、爱老、养老的风尚和氛围。

清朝的养老政策也承袭前制，康熙帝或许也是受此影响，于是创始"千叟宴"，礼敬天下老者。康熙五十二年（1713），康熙皇帝六十岁生日，他认为从秦汉以来，称帝的人一百九十多个，但是"享祚绵长，无如朕之久者"，所以决定在北京畅春园举办隆重的万寿庆典。庆典的规模庞大自不用说，单看为庆祝活动搭置的彩棚，就从西直门一直延伸至畅春园，长达二十里。最引人注目的是康熙昭告天下："天下耆老，年六十五岁以上者，官民不论，均可按时赶到京城参加畅春园的聚宴。"

开宴第一天，康熙皇帝在畅春园正门前首宴六十五岁以上的汉族大臣、官员以及士人庶民。诸皇子、皇孙、宗室子孙年纪在十岁以上、二十岁以下的都出来为老人们敬酒、分发食品，并且搀扶八十岁以上的老人到康熙皇帝面前亲视饮酒，以示恩宠，还给外省老人赏赐银两等。后来，又在畅春园正门前重新设宴招待年老的八旗大臣、官兵及闲散人员，礼遇如前。第三场则是在畅春园皇太后宫门前宴请七十岁以上的八旗老妇，九十岁以上的人就席宫门内，八十岁以上的人就席丹墀下，其余则都在宫门外。

这次参加宴会的满汉耆老多达六千六百余人，加上人数不详的八旗老妇，应该不下七千人。这不仅是万寿庆典的一个活动，更是康熙皇帝礼敬天下耆老的一个举动，一时传为佳话。

康熙六十一年（1722），康熙皇帝面对自己的六十年帝业，感慨颇多。为庆贺天下太平，再次举办宴会，宴请全国七十岁以上老人，并亲赋七言律诗《千叟宴》一首，“千叟宴”也由此而得名。

这是康熙皇帝生命的最后一年，他的生命终止了，但是他的影响却一直都在，他的雄才大略与励精图治影响着天下人，也为他的孙子弘历树立了不朽的榜样。

弘历继位后称乾隆皇帝，他继续推行祖父与父亲的治国方略，文治武功都有建树。乾隆皇帝励精图治、风流潇洒，而他还有孝子的美名。根据历史文献的记载可以得知，乾隆对他的母亲慈宁皇太后非常孝顺。他曾经为了给母亲祝寿而兴建苏州街、扩建圆明园等。现在许多的金石文献还记载着他歌颂母亲的碑文。

乾隆深得孝道的精髓，他敬重天下的民众，在位期间也曾两次举办“千叟宴”，闻名天下。

乾隆五十年（1785），他效法康熙帝举行“千叟宴”。宴会在乾清宫举行，场面盛大，不仅有御厨精心制作的满汉全席，皇家贡品酒水也一应俱全。这一次被邀请的老人达三千余人，这些人中既有皇亲国戚，也有前朝老臣，还有从民间奉诏进京的普通百姓。乾隆皇帝命皇子、皇孙、皇曾孙依次敬酒，自己也亲自为九十岁以上的老寿星们一一斟酒。

乾隆六十年（1795），八十五岁的乾隆皇帝决定传位给嘉庆皇帝。或许是为了宣告属于自己的时代将要结束，也许是期望儿子开创新的时代，乾隆再次举行“千叟宴”。这次参加宴会的老人也达三千多人。宴会上，老人们喝酒作诗，大快朵颐，好不痛快。

康熙皇帝、乾隆皇帝以孝治国，国泰民安，天下富足，两人也以“康乾盛世”的美称享誉史册。

历史证明，唯有以孝治国，才能民心所向，才能长治久安。

不失于臣妾

——家和万事兴

俗话说“一家小天下，家和万事兴”。家的本义是指房屋、住所。在甲骨文字形中，“家”字上面是“宀”(mián)，表示与房屋有关，下面是“豕”，即猪。古代生产力低下，人们多在屋子里养猪，所以房子里有猪就成了一家的标志。

渐渐地，生产力水平提高了，猪的地位退居二线了，人在家中的重要性日渐凸显出来，家更多地是指共同生活的眷属和他们所住的地方，于是有了家庭、家眷的说法。驯养猪难，可处理人与人之间的关系更难，而且如果处理不当，就会导致家人失和、家庭破碎。

《红楼梦》中贾府的家庭关系就非常糟糕，主子们围绕家政执掌和宗族继承权，展开了一场殊死的争夺战。人与人之间，时时处处都有可能爆发利害冲突，正如探春所说：“咱们倒是一家子亲骨肉呢，一个个不像乌眼鸡似的？恨不得你吃了我，我吃了你。”如赵姨娘为了给贾环争取家族继承权，施魇魔法暗害宝玉，险些令宝玉丧生。像这样的矛盾冲突经常发生，抛弃了温情脉脉的亲情，最终让贾府支离破碎。探春说：“可知这样大族人家，若从外头杀来，一时是杀不死的，这是古人曾说的‘百足之虫，死而不僵’，必须先从家里自杀自来起来，才能一败涂地！”

怎样处理好家庭中的种种关系，让家和睦温馨，这也是现代人依然面临的难题。其实，古人早就给了我们一个简单明了的答案——以孝治家。具体来说，就是《孝经·孝治》所讲的“治家者不敢失于臣妾，而况于妻子乎？故得人之欢心，以事其亲。”——治理家庭的人，以孝道治家，对最为低贱的男仆女婢都不敢在言语行为上失了礼仪，何况对于妻子和子女呢？所以能得到全家人的欢欣拥戴，而主动自觉地帮助他侍奉父母尊亲。贾府的主子们若是懂得以孝治家，对下不欺压盘剥，克扣月银，也就不至于使得奴仆们离心离德；他们若是真懂得孝道，亲人间就不会有那么多激烈残酷的竞争、错综复杂的矛盾。

历史上不乏不懂治家的愚人，却也有不少知晓“以孝治家”的智者，东汉时期的刘宽就是一个“以孝治家”的典型。

刘宽，他名字中的一个“宽”字，表达了无限宽广恢弘的意味。自古以来，中国人很讲究命名，新生儿的名字中，包含着父母对孩子深深的爱，以及对孩子将来的美好的企盼。《左传》中所谓“名有五”，是“有信、有义、有象、有假、有类”，以出生时的情况命名为“信”，以道德品行命名为“义”，以某一事物的形象命名为“象”，借用某一物体的名称为“假”，取婴儿与父亲的相同之处命名为“类”。

或许刘宽的长辈在为他取名字的时候，希望他能成为一个宽厚仁慈的人，所以叫“宽”。皇天没有辜负刘家长辈的苦心，如同他的名字一样，刘宽胸怀宽广，涵养深厚，广受邻里乡亲佩服称赞。有一次，刘宽乘牛车外出，路上碰到一个行色匆匆的人。当那个人看到刘宽的牛车时，便挥手让刘宽停下来。原来那个人丢失了一头牛，正在四处寻找，看见刘宽驾车的牛，觉得很像他丢失的牛，便前来辨认。他左看右看，最后硬说刘宽驾车的牛是他的。这真是让人生气。明明是自己的东西，别人非得说是他的，要是换一个人碰到这种事，肯定免不了一场争执，甚至会演变成打斗。然而刘宽什么也没有说，他默默地下车，把牛解下来交给了那个失牛人，自己步行回家。乍一看，觉得刘宽这样的人实在是太窝囊了。连自己家的东西都保不住，还算个男人吗？可男人最大的魅力不在于他的勇力，而在于他的胸怀。

后来，失牛人找到了自己的牛，便亲自把之前认错的牛给刘宽送了回来，叩头谢罪说："我很羞惭，愧对长者，愿任长者处罪。"刘宽和颜悦色地说："世间同类的事物中，有些极为相似，容易认错，幸劳你送回来，这有什么好谢罪的呢？"

这个心胸宽广的人在当南阳太守的时候，办理政事仁厚宽恕。属下官吏或者老百姓有了过错，他只是让差役用蒲草做的鞭子轻轻责打，不施以重刑，目的在于让犯错的人知道羞耻，以示警戒。有功就让给属下，有过便引咎负责。见了父老乡亲，总是会慰问乡里以及农田之事，对待少年则勉励他们善事兄长。百姓感念他的德政，渐渐受到感化。

刘宽性情温良，从未发过脾气，即使在急迫匆忙时，也未曾见他容色严厉，言辞急迫。他的夫人也感到奇怪，为了试探刘宽的度量，想激他愤怒。有一次，正当刘宽穿戴整齐要赴朝会时，夫人命侍婢奉肉羹进入，故意翻倒弄脏了刘宽的朝服，刘宽神色不变，仍然和祥关心地慰问侍婢说："肉羹有没有烫伤你的手？"对待侍婢都如此宽厚仁慈，更不用说亲人了。刘宽非常尊敬父母长辈，礼待妻儿，海内闻风都尊称他为宽厚长者，他的家人也相处得十分和睦。

以孝治家才能让一家和睦，反过来说家庭和睦也正是孝道的体现，所以倡导孝道的君王都会表彰一些和睦的模范家庭。为了表示自己的家族是和睦的，是遵守孝道的，很多家族就好几代人一起生活，以此来获得朝廷的封赏。宋代有一个突出的孝行表现，就是累世同居。《宋史》中所载数世同居的家族很多，宋人的孝行，确实有许多偏颇之处，但是不管真孝也好，作秀也罢，好几代甚至十几代人生活在一起而不发生矛盾冲突，终归是一件不易之事。正像人们所赞赏的陈兢陈氏家族门风那样——“旭宗族千余口，世守家法，孝谨不衰，闺门之内，肃于公府。”——孝道家法维系着一家的安定团结。

家，是最温暖的地方，是可以供人遮风挡雨的地方。我们应该关爱自己的家人，尽最大的努力去维系一家人的和睦幸福，因为家和才能万事兴。

不恶慢于人

——善待他人

现在的人际关系错综复杂，人们都深感人际交往困难重重。有交际高手说，如果你想跟一个人搞好关系，那就去怜爱他的孩子，尊敬他的老人。这招确实是很有效的。《孝经·广要道》中所谓"敬其父则子悦，敬其兄则弟悦，敬其君则臣悦"，就是说要礼敬他人——尊敬别人的父亲，那么做儿子的就会高兴；尊敬别人的兄长，那么做弟弟的就会高兴；尊敬别人的君主，那么做臣下的就会高兴。

这一高兴，关系自然就好处了。因此，中国古代就有到对方家去拜见对方父母的习俗。《三国志·吴志·周瑜传》记载："坚子策与瑜同年，独相友善，瑜推道南大宅以舍策，升堂拜母，有无通共。"说的是孙坚的儿子孙策与周瑜同岁，他们相交很好，彼此互访时都先入后堂拜见对方的母亲。后来以"升堂拜母"指双方共结为通家之好，表示友谊的深厚，也作"登堂拜母"。

《资治通鉴》所载"吴下阿蒙"的故事，也有鲁肃拜见吕母的情节。故事是这样的：吕蒙在孙权的劝说下发奋学习。后来，鲁肃经过吕蒙驻守的地方，与吕蒙相见并且随意谈论些军政事情。交谈之下，鲁肃十分惊奇地说："可了不得了，想当年的吕蒙对军政诸事的见解可是很一般的，可是以你现在的才干和谋略来看，却是非同寻常了，这还是吴下那个小阿蒙吗？”吕蒙说：“士别三日，当刮目相看。大哥对我的进步也不必大惊小怪啊。”后人根据这个故事，常用“吴下阿蒙”称誉别人变化很大，长进明显；或者反其意而用之，谦指自己毫无长进。鲁肃见吕蒙有了这么大的长进，心里十分高兴。为了结交这个知己朋友，鲁肃便去拜见吕蒙的母亲。

东汉有个叫范式的人以诚信闻名。范式年少时在外面学习，与同学张劭结为好友。后来两人结束学业，各自回归故里。分手时范式对张劭说：“两年之后，我将去拜访您的尊亲，见见您的家人、孩子。”于是两人约定了相见的日期。两年后，约定的日期快到了，张劭对母亲说明情况，请求准备好酒菜等候范式。张母说：“已经分别两年了，你怎么能相信这话能实现呢？”张劭回答：“范巨卿是诚信之士，一定不会违约的。”张母说：“果真这样，我就为你们酿酒。”到了约定的日子，范式果然如期而至，拜见了张劭的母亲。张劭杀鸡炊黍相待，两个人一同饮酒，尽欢而别。

范式的诚信之举传下了“鸡黍之约”的千古佳话，而这段故事里也体现出对拜见朋友家人之事的重视。

到现在，这种做法在很多地区依然很流行。当朋友之间相知到一定深度时，就会带着礼品去拜见对方的父母家人。两个人相知相交，却并不只是两个人之间的事情，这就好比婚姻，是两个家庭的结合。一般来说，最“铁”的关系就是结为通家之好。

当然，在这样的关系里，所有的怜爱与尊敬都要发自内心，如果只是虚伪做作，只能适得其反，引人反感遭人嫌恶。传统文化的精髓并不是教人作奸耍滑，而是劝人真心对待他人。良好的人际关系不是行动上做出来的，而是从心底里“流”出来的，在交往中要以诚待人，事事以自己的心灵为准则，用“心”和他人交往。

真心待人，以孝待人，首先自己得有孝敬之心，懂得敬爱自己父母的人，才知道体恤别人。《孝经·天子》就说：“爱亲者，不敢恶于人；敬亲者，不敢慢于人。”

能敬爱自己父母的人，就不会嫌恶别人的父母；能敬重自己父母的人，也不会怠慢别人的父母。

这句话原本是针对天子而言的，希望一统天下的君主在爱敬自己父母的同时，还要爱敬天下的老人。爱敬天下的老人，就能得到天下人的爱戴。我们不是天子，我们只是普通人，可这样的“天子之孝”却是每一个人都可以做到的。

好朋友间自然要礼敬对方的家人，普通朋友甚至是陌生人之间，也应该要有这样的爱敬之心。很多人出门在外为生活打拼，每年只能逢年过节回家小住几日，不能奉养在双亲身边，本身就已是一种遗憾。那么看着身边的老人，总会多一些敬爱的情愫。伸出双手，搀扶一下过马路的老人；站起身，给上车的老人让个座……很多微小的举动，却体现一份爱敬之心。爱敬他人，别人也会同样地对待我们自己家的老人。想一想，在另外的那片天空下，有人正对我们的父母微笑，正对我们年迈的父母嘘寒问暖，这样的世界岂不是很美好？

孟子曾经说过：“君子莫大乎与人为善。”可见，善待他人是我们在寻求成功的过程中必须遵守的一条基本准则。其实人与人之间的关系并没有那么复杂，是人自己想得太多而做得太少。若是我们都能尽心尽力地侍奉自己的父母，养成恭敬之心，然后以这样一颗亲爱恭敬的心去善待他人，就不会怠慢任何人，人际交往也就简单许多。四海皆兄弟，朋友满天下，不是奢侈的梦想。

人之行，莫大于孝

——以孝修身

树要皮，人要脸。人品、名声是关乎立身的大事，而孝道从古至今都是考察一个人品质的最基本也是最重要的因素。《孝经·圣治》中曾子问老师："敢问圣人之德，无以加于孝乎？"——我能冒昧地问一句："圣人的德行难道没有比孝道更重要的吗？"

孔子回答说："天地之性，人为贵。人之行，莫大于孝。"——天地之间的万物，最贵重的是人。人的行为，没有比孝行更加重要的，所以孝是修身的基本。

史上很多人都奉行以孝修身，不仅成就了一番事业，更留下了美好的名声。西汉的张良、晋代的陶侃，这两位既立功又立德的成功人士，正是尊老敬老、以孝修身的典范。

张良，汉高祖刘邦的谋臣，秦末汉初杰出的军事家、政治家。张良虽是文弱之士，不曾挥戈迎战，却以军事谋略著称。他一生反秦扶汉，功不可没，历来史家都交口称赞他那深邃的才智和神妙的权谋。

张良从小便很孝顺，一直想要继承家业光宗耀祖，谁知道韩国竟然被秦攻灭，张良决定用全部家财招求侠客谋刺秦王，替韩国报仇。他先在淮阳学礼，又东行拜访沧海君，最后求得一位大力士，制作了一百二十斤的铁锤，准备行刺。当时秦始皇向东巡游，当他到达博浪沙这个地方，张良与大力士在那里伏击，可是铁锤打到的是副车，没有伤到秦始皇一根汗毛。有人竟敢公然行刺，秦始皇大怒，下令搜捕，还悬榜通缉。张良不得不隐姓埋名，逃匿于下邳（今江苏睢宁北），静候风声。

一天，张良信步至沂水县圯桥头，遇到一位穿着粗布短袍的老人。这位老人走到张良的身边时，故意把鞋脱落桥下，然后傲慢地差使张良道："小子，下去给我捡鞋！"张良很纳闷，但是看对方是个老人家，便也就耐着性子帮他取了上来。随后，老人又跷起脚来，命张良给他穿上。张良很生气，但是一想毕竟是个老人嘛，自小养成的尊老意识让他压下了怒气，小心翼翼地帮老人穿好鞋。老人非但不言谢，反而大笑着走了。张良还没回过神来，只见那老人又返回到桥上，对张良赞叹道："孺子可教矣。"并约张良五天后的凌晨再到桥头相会。张良不知道老人的用意，但出于尊敬，他还是恭敬地应诺。

五天后，鸡鸣时分，张良匆匆赶到桥上。谁知那个老人故意提前来到桥上，见张良来晚了，便愤愤地斥责道："与老人相约，为什么要耽误了时辰？五天后再来！"说完就离开了。结果第二次张良再次比老人晚了一步。第三次，张良索性半夜就到桥上等候。这一次，老人笑了，并送给他一本书，说："读此书则可为王者师，十年后天下大乱，你可用此书兴邦立国；十三年后再来见我。"说罢，扬长而去。张良惊喜万分，天亮时分，捧书一看，乃《太公兵法》。那位老人就是传说中的神秘人物，即隐身岩穴的高士黄石公，亦称"圯上老人"。这也就是历史上有名的"圯上受书"的典故。

从此，张良日夜研习兵书，俯仰天下大事，终于成为一个深明韬略、文武兼备的"智囊"。他一步一步协助汉高祖刘邦夺得天下，成为了汉王朝的开国元勋之一，与韩信、萧何并称"汉初三杰”。待大功告成之后，张良及时功成身退，避免了韩信、彭越等人鸟尽弓藏的下场。张良在去世后，谥号文成侯，后世的人尊称他为“谋圣”。

东晋大诗人陶渊明的祖父陶侃也是一个极重孝道以孝修身的人。

陶侃小的时候，父亲就去世了，家境非常贫寒，母亲靠纺纱织布供儿子读书。陶母吃苦耐劳，严于家教。从陶侃懂事起，她就教育儿子刻苦自励，做到“贫贱志不移”，希望儿子长大以后，能成为孟子所说的那种“富贵不能淫，贫贱不能移，威武不能屈”的大丈夫。

陶侃长大后，没有辜负母亲的期望。他不但为官清廉正直，而且在诸多生活细节上都听从母亲的教导，处处与人为善。母亲去世之后，他依然遵循母亲的教诲，时时在心中感念母亲。

相传有一件逸事，说是陶侃每次喝酒，都有一定的限度，只要他给自己规定的限度到了，即使席间酒兴正浓，他也坚决不会再喝。有一次，有一位好友劝他再喝点儿，他还是不喝，问他为什么这样，他沉默了好久，才道出了真情。原来他年轻时，曾因喝醉酒出过毛病，他的母亲曾因此让他有过誓约，所以后来喝酒再也不敢超过约定的饮酒数量。

以孝修身，信守承诺，陶侃终成晋代名将，以功高德劭名垂青史。

成功从来都不是偶然的，而是一些点滴积累的必然。世上的人大多数都是普通人，没有显赫的背景，没有一步登天的机遇，有的只是平平常常的日子。然而如果能在这些日子中加强自身的修养，以孝修身，做一个德才兼备的人，总有一天，会迎来成功的曙光。

三

孝之五等

——孝也分身份

第八章

孝治　子曰昔者明王之以孝治天下也不敢遺小國之臣而況扵公侯伯子男虖故得萬國之懽心以事其先王治國者不敢侮扵鰥寡而況扵士民虖故得百姓之懽心以事其先君治家者不敢失扵臣妾而況扵妻子虖故得人之懽心以事其親夫然故生則親安之祭則鬼享之是以天下和平灾害不生旤亂不作

古代有严格的等级观念，孝也有五等之分，所谓天子之孝、诸侯之孝、卿大夫之孝、士之孝、庶民之孝。孝之五等，各有侧重。天子是天下的榜样，要以身作则用孝行教化百姓；诸侯居于尊贵之位，要不骄不傲谦虚谨慎；卿大夫的言行举止要合乎礼仪；士要爱敬忠顺保住俸禄；庶民也就是老百姓，要尽心尽力奉养父母。

爱敬事亲，德教百姓

——帝王与孝道

文献记载有这样两种树——“楷”和“模”。楷树，又名黄连树，是七叶树，果实呈椭圆形，红色。楷树木材细致，树干挺拔，枝繁叶茂，巍然矗立，就好像众树的榜样。相传这种树最早生长在孔子墓旁。模树，树叶随季候变动，春季青翠碧绿，夏天赤红如血，秋日变白，冬日变黑，因为它的颜色光泽纯正，“不染尘俗”，也成为众树的榜样。相传模树最早生长在周公的墓旁。

因为这两种树分别被称为“楷”和“模”，再加上它们都生长于圣人先哲的墓旁，所以以树喻人，人们常把那些有高风亮节、能起表率效用的人物赞誉为楷模，也就是榜样。

中国古代历来重视榜样作用。孔丘常举尧、舜、周公等人作为榜样，教育弟子们“见贤思齐”。他还强调以身作则，认为“其身正，不令而行。其身不正，虽令不从”。

以身作则，以成楷模。所以《孝经·天子》说天子之孝应该是：“爱敬尽于事亲，而德教加于百姓，刑于四海。”——以亲爱恭敬的心情尽心尽力地侍奉自己的双亲，而将侍奉双亲的这种德行教化施于天下百姓，使天下的百姓遵从模仿，这才是天子的孝道！

正因为天子之孝具有极其特殊的楷模示范作用，所以历代的君王无一不以孝自诩。汉朝皇帝除了高祖和光武帝两个开基之祖，其余皇帝的尊号都有“孝”字，如孝惠帝、孝文帝、孝景帝、孝昭帝等等。还有北魏孝文帝元宏、晋孝武帝司马曜、宋孝武帝刘骏等也都以“孝”为尊号。

天子们重孝，所以都推崇《孝经》，晋元帝、晋孝武帝、梁武帝、梁简文帝、唐玄宗、清世祖、清圣祖、清世宗等君王还为《孝经》作注解释义。明太祖朱元璋虽然没有亲注《孝经》，但他用自己的孝心、孝行感化着天下人。

历史上对朱元璋毁誉参半，但他无疑也是中国历史上最讲孝的皇帝之一。他主张用孝行治理盛世，并且必须从我做起，以身作则。用他的话说就是：“非身先之，何以率下？”——我不从自身先做起，拿什么来率领天下人行孝？他曾啮指滴血，寻找母亲的指骨；他登基前自称“孝子皇帝臣元璋”，称帝后自称“孝子皇帝”；他在太庙祭祖，次次悲咽，痛哭流涕；他常常说在梦中与父母亲相见；他命人绘《行孝图》以教育子孙；他教育子女要永远不忘父母的养育之恩，时刻牢记“奉先思孝”；他命儒臣辑《孝慈录》颁行天下……

孝子皇帝朱元璋倡导全孝，但他却反对愚孝。在明代人余继登所辑《皇明典故纪闻》一书中和《明史·孝义传》中都有一段关于“朱元璋禁愚孝”的记载。一个是野史笔记，一个是正史传记，所记愚忠愚孝事实却完全相同。故事说的是洪武二十七年，山东日照县一个江伯儿因为母亲病了，自割腰上的肉疗疾无效，便求神许愿：如果母亲病好了，便杀自己的儿子祭祀。后来母亲的病果然好了，他便真的杀了自己才三岁的儿子去祭祀。山东守臣把这件杀子祀神的事上奏孝子皇帝后，朱元璋大怒，认为这是愚昧无知，灭伦害理，必须严惩。于是将江伯儿杖一百，发配海南。朱元璋深知，这种愚孝的严重后果便是不孝。为了尽孝而杀害子女，将使“父母无依，宗祀永绝，反为不孝之大”。

朱元璋反对愚孝，但他对于真正的孝子却很爱护，也很重用，推荐人才讲孝道，科举考试讲孝道，官员选拔讲孝道。因此，“由布衣而登大僚者不可胜数”。他重孝道，甚至重到了孝道可以屈法的程度。余继登《皇明典故纪闻》记载：“山阳民有父得罪当杖，而子请代者，太祖谓刑官曰：‘父子之亲，天性也。然不亲不逊之徒，亲遭患难，有坐视而不顾者。今此人以身代父，出于至情，朕为孝子屈法，以劝励天下。’其释之。”这位山阳民所犯何罪书中没说明，既然只是“当杖”，显然还不是死罪。孝子请求代父受罚，朱元璋就以孝屈法，免了杖击，释放归家，他的目的是为了倡导“父子之亲”的天性，教育世上那些亲遭患难却坐视不管的人。孝子皇帝以孝屈法的事情远不止这一件。野史笔记中的姑且不说，就是在正史中的记载也颇不少。以现在看来，这种屈法劝孝的做法固然是不可取的，但是功是功，过是过，虽然他屈法劝孝，但是他在敬老爱老方面的榜样作用不能否定。

上梁不正下梁歪，中梁不正倒下来。作为天下臣民的权威偶像，天子的孝德举措或者孝悌言行，不单纯是个人行为，而是一种榜样作用，是一种影响天下民众行为方式的道德象征和精神动力。《大学》上也说：“上老老而民兴孝，上长长而民兴悌。”说的就是假如最高统治者作出表率尊老敬长，那么天下百姓自然就会推崇仰慕，效仿相从，成为事亲敬长的孝悌之人。

天子要用孝道去教化民众，并不需要亲自到每家每户去拜访，也不必每天亲自手把手地教那些为人子女的人如何行孝，而是要通过自己的孝行去感召。这也就是《孝经·广至德》所说的“君子之教以孝也，非家至而日见之也”。如果教化者本身拥有人格魅力，就像楷树和模树一样，自身就是一个榜样，那么春风化雨，自然就能带动很多人。

不骄不危，制节谨度

——低调的诸侯

《红楼梦》里，开篇就写有一份著名的“护官符”，里面说：“贾不假，白玉为堂金做马；阿房宫，三百里，住不下金陵一个史；东海少了白玉床，龙王来请金陵王；丰年好大雪，珍珠如土金如铁。”可这般辉煌繁荣的贾、史、王、薛四大家族，最终也难逃衰落的命运。

四大家族没有守住他们的权位和财富，原因何在？

看一看那个原本诗礼簪缨、钟鸣鼎食的贾府，贾府的主子们养尊处优，大多是一副饱食终日、无所用心的贵族派头。他们每天除了变着花样享乐之外，似乎就不知道世上还有什么值得花费心思的事。他们沉溺在醉生梦死的生活里，穷奢极欲，一个对贾府来说稀松平常的螃蟹宴，就得花费二十多两银子，刘姥姥叹道：“这一顿钱够我们庄稼人过一年了。”然而这只不过是日常饮食起居所需，如果碰到婚丧喜庆大典，贾府就更加恣意挥霍了。宁国府为秦可卿买一口棺材，即便“拿一千两银子来只怕也没处买”；为迎接元春省亲，贾府大兴土木，“堆山凿池，起楼竖阁”，建成了“天上人间诸景备”的大观园。如此奢侈靡费，连过惯皇家生活的元春也不禁为之摇头叹息。

中国人好讲排场，有“死要面子活受罪”的说法。贾府这样的排场，就是“打肿脸充胖子”，要知道贾府的排场是在入不敷出的情况下勉强支撑起来的。贾府的主要经济来源是收取地租，可是濒临破产的农村经济，已不可能填满贾府这种无底洞似的欲壑，如第五十三回写宁府的乌庄头来交租，贾珍原想至少也有五千两，但乌庄头只交来二千五百两。于是贾珍皱着眉头说：“这够做什么的！”是的，这还不够宁府办一次婚丧喜事。可见，即便庄农不吃不喝，也难供养贾府。贾府出多入少的局面相当明显，就连不通庶务的林黛玉也有所察觉：“我虽不管事，心里每常闲了，替他们一算，出的多进的少，如今若不省俭，必致后手不接。”然而，省俭与图虚荣讲享乐的生活习惯势同水火，贾府宁可走向灭亡，也决不会放弃奢侈浮华的虚假热闹。

贾府最终到底由“烈火烹油，鲜花着锦”一般的盛况，无可奈何，一步步走向日暮途穷的末路，最后，“忽喇喇似大厦倾，昏惨惨似灯将尽”，一败涂地，表演了一出“树倒猢狲散”的悲剧。当然，贾府衰败的原因是多方面的，可不容忽视的一点就是骄傲自满、奢侈浮华。其他三个家族也大致一样，穷奢极欲，纸醉金迷，最终崩塌。

《孝经·诸侯》说：“在上不骄，高而不危；制节谨度，满而不溢。高而不危，所以长守贵也；满而不溢，所以长守富也。富贵不离其身，然后能保其社稷，而和其民人。盖诸侯之孝也。”——身为诸侯，能做到在众人之上而不骄傲，那么他的位置再高也不会有倾覆的危险；能做到生活节俭、慎行礼法制度，那么他的财富再充裕也不会奢侈腐化。身居高位而不出现倾覆的危险，就能够长久地保住自己的尊贵地位；财富充裕而不奢侈腐化，就能够长期地守住自己的财富。保持自己的富有和尊贵，然后才能保得住自己的国家，才能使黎民百姓和睦相处。这大概就是诸侯的孝道吧。

想要长久地保住权位和富贵，就要不骄不危、制节谨度，而想让身处高位的自己不骄傲自满，就必须对自己所处的位置、所拥有的权力和财富心存敬畏之心。

从前有个国王名叫狄奥尼修斯，他打击了贵族势力，建立了雅典式的民主政权。国王统治着西西里最富庶的城市，他住在一座美丽的宫殿里，里面有无数美丽绝伦、价值连城的宝贝，一大群侍从恭候两旁，听他差遣。

国王有个朋友名叫达摩克利斯，他非常羡慕国王，常常对国王说："你多幸运啊，你拥有人们想要的一切，你一定是世界上最幸福的人。"可是，国王的压力只有国王自己知道，贵族的不满和反对，让国王觉得自己的位置岌岌可危。有一天，在一个庆功宴会上，达摩克利斯又羡慕地称道国王的幸福。国王实在听腻了这样的话，就对达摩克利斯说："你真的认为我比别人幸福吗？那么我愿意跟你换换位置。"于是达摩克利斯穿上了王袍，戴上了金制的王冠，坐在宴会厅的桌边，桌上摆满了美味佳肴。鲜花、美酒、稀有的香水、动人的乐曲，应有尽有。追求虚荣、热衷势利的达摩克利斯十分高兴，他觉得自己是世界上最幸福的人。可是当他举起酒杯时，突然发现天花板上悬着一把锋利的宝剑，宝剑几乎触到了自己的头。达摩克利斯的身体僵住了，笑容也消失了，脸色煞白，双手颤抖，不想吃也不想喝了，只想逃出王宫，越远越好。国王说："怎么了，朋友？你怕那把随时可能掉下来的剑吗？要知道我天天看见，它一直悬在我的头上，说不定什么时候什么人或什么物就会斩断那根细线。我总是要担心各种危险：也许哪个大臣垂涎我的权力想杀死我，也许有人散布谣言让百姓反对我，也许邻国的国王会派兵夺取我的王位，也许我的决策失误使我不得不退位。如果你想做统治者，你就必须冒各种风险，风险永远是与权力同在的。"达摩克利斯说："是的，我知道了，除了财富和荣誉之外，你还有很多忧虑。请你回到你的宝座上去吧，我回我的家。”从此，达摩克利斯非常珍惜自己的生活。因此，人们用“达摩克利斯之剑”借比安逸祥和背后所存在的杀机和危险，让人们懂得珍惜自己的生活，也让那些位高权重的人懂得敬畏自己的权力和财富。

这也就是《诗经·小雅·小旻》所说的“战战兢兢，如临深渊，如履薄冰”。身处高位的人啊，要看得见危机，就像临近深渊，就像踩着薄冰，不要骄傲自满、奢侈浮华，要有所畏惧、小心谨慎。

口无择言，身无择行

——相对的自由

这是一个提倡个性自由的时代，所谓个性就是个别性、个人性，是一个人在思想、性格、品质、情感、态度等方面不同于其他人的特质，外在表现就是言语、行为和情感等方式。任何人都是有个性的，也只能是一种个性化的存在，个性化是人的存在方式。但张扬个性并非任意妄为，个性的自由也只能是相对的。

在我国古代，对于服饰、言语、行为都有明确的规定。《孝经·卿大夫》说："非先王之法服，不敢服；非先王之法言，不敢道；非先王之德行，不敢行。"——不是先代圣明君王所制定的合乎礼法的服饰，不敢穿用在身上；不是先代圣明君王所说的合乎礼法的言语，不敢随便乱说；不是先代圣明君王所实行的道德行为，不敢胡乱去做。如果乱了规矩，就是僭越。僭越是古代危害中央集权犯罪的主要罪名之一。年羹尧就是因为乱了规矩，才招致杀身之祸，还连累全家跟着遭了殃。

年羹尧本来也算得上一个极品男人，虽然他建功沙场，以武功著称，但他自幼读书，颇有才识，不是一介莽夫，而是文武双全的人。他在不到三十岁的时候，就已经担任四川巡抚，成为封疆大吏，受到康熙皇帝的格外赏识和破格提拔。年羹尧对皇帝的知遇之恩感激涕零，他在奏折中表示自己“以一介庸愚，三世受恩”，一定要“竭力图报”。他说到了，也确实做到了。到任之后，年羹尧很快就熟悉了四川的大概情形，提出了很多兴利除弊的措施。他还带头作出表率，拒收节礼，“甘心淡泊，以绝徇庇”。康熙对他寄予厚望，希望他善始善终，一辈子做个好官。

年羹尧没有辜负康熙的期望，战功显赫，清正廉洁。雍正即位之后，年羹尧更是备受倚重，和隆科多并称雍正的左膀右臂。雍正对年羹尧的宠信比康熙有过之而无不及，可以说到了无以复加的地步。有一次赐给年羹尧荔枝，为了保证鲜美，雍正令驿站六天内从京师送到西安，这种赏赐可与唐明皇向杨贵妃送荔枝相比了。

不知道是爱屋及乌，还是为了笼络住年羹尧的心，总之雍正对年羹尧的家人关怀备至。年羹尧的家人得病，雍正都再三垂询，赐送药品。至于奇宝珍玩、珍馐美味的赏赐更是多得不得了。对年羹尧之父在京的情况，年羹尧之妹年贵妃以及她所生皇子的身体状况，雍正也常常写信告诉在外的年羹尧。

雍正对年羹尧宠信优渥，并希望彼此做个千古君臣知遇的榜样。如果事情一直这样发展，其君臣关系应该可以成千古美谈。可是人到了一定的地位，似乎就会忘乎所以，容易膨胀，说不该说的话，做不该做的事，一切都失了分寸，最终名节不保，不得善终。

年羹尧在得到那么多宠信之后，又仗着自己战功累累，开始得意起来，言行举止上也就变得随意任性。雍正二年（1724）十月，年羹尧第二次进京。在赴京途中，他令都统范时捷、直隶总督李维钧等跪道迎送。到京时，黄缰紫骝，郊迎的王公以下官员跪接，年羹尧安然坐在马上行过，看都不看一眼。他在雍正面前，态度竟也十分骄横，“无人臣礼”。

雍正也曾苦心劝过这个自己的心腹大臣，他是真心希望这个功臣能保全名节：“凡人臣图功易，成功难；成功易，守功难；守功易，终功难……若倚功造过，必致反恩为仇，此从来人情常有者。”

但年羹尧无视雍正的警告，日益骄横跋扈。他在官场往来中趾高气扬、气势凌人：赠送给属下官员物件，“令北向叩头谢恩”；发给总督、将军的文书，本属平行公文，却擅称“令谕”，把同官视为下属；甚至蒙古王公额附阿宝见他，也要行跪拜礼。

年羹尧越来越过分了，他甚至贪赃枉法，结党营私，这样的行为置法律于不顾。终于，他喝下了自己酿下的苦酒。

雍正三年（1725）冬天，对年家来说这是一个无比寒冷的季节，因为皇帝给年羹尧开列九十二条大罪，其中僭越罪十六条，勒令他狱中自裁。年羹尧父兄族中任官者全部被革了职，嫡亲子孙发配边地充军，家产全部没收。在那个萧瑟的冬季，叱咤一时的年大将军以身败名裂、家破人亡告终。

《孝经·卿大夫》说卿大夫应该是“非法不言，非道不行；口无择言，身无择行；言满天下无口过，行满天下无怨恶；三者备矣，然后能守其宗庙。”——不合乎礼法的话就不去说，不合乎礼法道德的行为就不去做；嘴里说出的话都是经过深思熟虑的，不会使人厌恶；所做的事也是经过认真考虑合乎礼法的，不会让人厌烦。于是所说的话即便是天下人都知道了，也不会有什么过失；所做的事即使传遍天下，也不会遭到怨恨厌恶。服饰、语言、行为这三个方面都能做到合乎礼法，这样就能守住自己祖宗的香火延续兴盛。这才是卿大夫的孝。

当代社会，没有等级规定，也没有僭越之罪，但我们总应该遵守社会规则，遵循道德准则，穿着、言语、行为都应该合乎起码的社会规范。的确，不能压抑个性，不能把人锻造成一个模子或按照一个模子锻造。在这个意义上，个性是自由的，但是个性不是任性，自由总是相对的，要在遵守一定规范的基础上享受自由。

忠顺不失，以事其上

——骑士精神

欧洲中世纪有骑士阶层，对于骑士的传说，往往有种种浪漫的遐想：居住在古色古香的城堡中，过着贵族一般的富足生活，战胜邪恶的魔法师和巨人，保护善良但是无知的农民，凭着贵妇人或者国王的名号行侠仗义。在文学作品中，骑士往往是勇敢、忠诚的象征，每一位骑士都以骑士精神作为守则。但是事实上，骑士属于贵族的最底层，他们征战的时候还要自备武器和马匹。

日本的武士制度和欧洲的骑士制度亦有相似。在我国古代，也有这样一个士阶层，他们既是最低级的贵族，也是最高级的百姓。

我国古代士的社会地位与职业千差万别，但他们也都注重知识、道德和勇力。这些东西是无形的，但在社会活动中又无所不在，无所不需。士正是凭借这些无形的东西游走于社会各个角落。《孝经·士》说“忠顺不失，以事其上，然后能保其禄位，而守其祭祀，盖士之孝也”。也就是对于这个阶层的人来说，如果能忠诚而又顺从地侍奉国君和上级，那自然就能保住自己的职位和俸禄，并且能够牢牢守住自己祖先的香火，使之绵延不断。这就是士阶层的孝。

相传齐国的田稷当上了相国，他收受了下属官吏贿赂他的财物，并把这些金银珠宝送给了自己的母亲。田母见到这么多财宝，不仅没有欢喜，反而心生疑惑，她诧异地问儿子："你才当官不久啊，怎么拿回来这么多东西？按照你的俸禄标准，就是你三年不吃不喝，也赚不到这么多啊，那这些东西是从哪里来的呢？"

田稷老实交代了："娘啊，儿子想好好孝顺您哩。这么些年，您跟着我吃了不少苦，现在好啦，我当官啦，这些都是下属送给我的，您就放心用吧。"

田母一听，立刻就不高兴了，严厉地说："你这哪是孝啊？我听说士大夫要修身洁行，不能随便收受人们的钱财；诚心诚意地做事，不弄虚作假；不符合道义的事，不在心里盘算；不合情理的利益，不带回家。现在你当官了，朝廷给你俸禄，你应该用自己的言行来报答这份恩情才对。你要知道，臣子辅佐君王要像儿子孝敬父亲那样尽心竭力，忠诚不二，恪守自己的使命，廉洁公正。如今你却收受别人的钱财，弃忠不顾，这和做儿子而不孝有什么两样？你竟还敢拿不义之财来供养我，我怎么能要？"

田稷羞愧极了，沮丧地走出家门，退还了所收之物，还主动向齐宣王说明了事情的全部经过。齐宣王被田母的深明大义所感动，又看田稷认罪态度很好，知错能改，也就免除了他的罪责，还拿出钱奖励那位伟大的母亲。

世上做父母的大抵都一样，望子成龙，望女成凤，但是成龙成凤后不是为了享受个人私利，相反要更加勤谨，以免不小心犯了错，辱没了祖先的荣耀。《诗经·小雅·小宛》说"夙兴夜寐，无忝尔所生"。忝，指羞辱。整句话的意思是告诫士大夫要早起晚睡，兢兢业业以忠心侍奉君王，以顺从侍奉上司，千万不要使生身父母受到羞辱。唐时的段秀实之所以敢于独赴乱营，就是想到郭子仪的儿子郭晞肯定不敢随便拿父辈辛苦开创的名声开玩笑。

段秀实很小的时候就开始读经史之书，稍大一些又开始习武，传统文化的底蕴把他培养成一个言辞谦恭、朴实稳重的人，再加上满身武艺，最终成为唐代名将。据说他总揽西北军政期间，吐蕃不敢犯境，百姓安居乐业。

段秀实在泾州做刺史时，郭子仪是天下兵马副元帅，权倾朝野，风光无限。他的儿子郭晞为检校尚书领行营节度使，屯兵彬州（今陕西彬县）。想那郭子仪戎马一生，屡建奇功，大唐因有他而获得安宁达二十多年，史称“权倾天下而朝不忌，功盖一代而主不疑”，举国上下，享有崇高的威望和声誉。可是他的儿子不仅赶不上他爸，相反军纪低落，士兵随意抢夺财物，捣毁器物，撞杀孕妇。可是碍于郭子仪的权位，很多人敢怒而不敢言。段秀实对此非常不满，主动找到邠宁节度使白孝德，请求担任都虞侯，以制不法。这块烫手芋头正愁没人接了，白孝德自然是爽快地答应了段秀实的请求。

不久，郭晞部下十七名士兵到市场买酒，与卖酒的老头发生争执，破坏酿酒器具不说，还杀死了卖酒的老头。段秀实下令逮捕他们，并斩首示众，百姓无不称快。郭晞军中的士兵知道后，大为震动，都披上铠甲，拿上武器，准备发动兵变。段秀实从容不迫，解下佩刀，命跛脚老卒牵马，亲自去郭晞营中处理此事。

段秀实来到郭晞营前，士兵披甲执锐一拥而出。段秀实笑道：“杀一个糟老头子嘛，哪里用得着这么多甲兵？我的头就在这里。”士兵们一看这样的情况，都惊愕了，不知怎么办才好。段秀实让士兵请郭晞出来，他对郭晞说道：“你父亲功勋盖世，本来应该善始善终。你却放纵手下任意胡为，再这样下去，势必引起混乱，影响国家安定。皇上追究下来，肯定会牵连你的父亲。祸乱都是因你而起的，到时候人们会说，你依仗你父亲副元帅的职位，不守法，你父亲的一世英名将毁于一旦。作为郭门之后，你应当严格整顿军纪，这样才能保住你们郭家的声誉。”

郭晞听后冒了一身冷汗，原来老郭家的名声差点就败坏在自己的手里，他赶紧谢罪："有幸得到明公指教，我愿奉军以从。"随即喝斥手下退下。段秀实为了考验他，借故留下来吃饭、过夜。郭晞一直陪在段秀实的身边，一夜无事。第二天早晨，郭晞跟着段秀实到白孝德那里去谢罪。后来，郭晞整顿军纪，士卒们也都收敛起来，彬州境内于是得到安宁。

士大夫要保住家族的荣耀才是孝，这其实跟欧洲的骑士精神有相同之处。每当骑士遇到自己无法匹敌的敌人时，往往会带领着自己的队友，喊道"忠诚——信仰——荣耀——勇气——"然后会用自己的生命来保护自己的家园和荣誉。

谨身节用，以养父母

——平常人的点滴孝心

奉养双亲是子女对父母的最基本义务，是基于人的报恩观念而产生的。每个人都是由父母所生，又是因父母的精心照顾而长大成人，这种生命创造及养护的客观事实使人类产生了报恩意识，即在自己的父母年老之后要竭尽全力赡养父母，尽“反哺”义务。

不仅人类懂得孝爱父母，有的动物也有回报父母的意识，所谓“乌鸦反哺”正是如此。乌鸦本来是一种通体漆黑、面貌丑陋的鸟，因为人们觉得它不吉利而遭到人类普遍厌恶，但传说它们却拥有一种值得我们人类称赞的美德——养老、爱老，在养老、敬老方面堪称动物中的楷模。据说乌鸦这种鸟在母亲的哺育下长大，当母亲年老体衰、不能觅食或者双目失明飞不动的时候，长大了的乌鸦就四处去寻找可口的食物，衔回来嘴对嘴地喂到母亲的口中，回报母亲的养育之恩，并且从不感到厌烦，一直到老乌鸦生命停止、再也吃不下东西为止。《本草纲目·禽部》就提及：“慈乌：此鸟初生，母哺六十日，长则反哺六十日。”

对于每一个平常人来讲，都应该懂得敬爱父母，都应该要竭力赡养父母。《孝经·庶人》说：“用天之道，分地之利，谨身节用，以养父母，此庶人之孝也。”意思是说“利用春温、夏热、秋凉、冬寒季节变化的自然规律，充分辨别土地的好坏和适应情况，以获取最大的收益。谨慎遵礼，节省用费，以此赡养父母，这就是庶人的孝行”。

《礼记》中也有类似的表述：“孝有三：小孝用力，中孝用劳，大孝不匮。”也是说为人子女的，要用心用力，努力劳作，奉养父母，使父母物资不匮乏。

孟子曾提出不孝的五种情况：“惰其四支，不顾父母之养，一不孝也；博弈好饮酒，不顾父母之养，二不孝也；好货财，私妻子，不顾父母之养，三不孝也；从耳目之欲，以为父母戮，四不孝也；好勇斗，以危父母，五不孝也。”五种不孝的情况中，有三种均为“不顾父母之养”，这从反面也证明了养亲是为人子女的基本义务。

可见“以养父母”是孝道最低的最起码的要求。当然，孝也有个量力而行的问题。孝心比孝行更重要。

汉代有个叫蔡顺的人，年少的时候父亲就去世了。母亲一个人把他拉扯大，蔡顺对母亲很孝顺。本来他可以辛勤劳作，赡养母亲，但是王莽暴乱，民不聊生。在兵荒马乱之际，又碰到饥荒，柴米十分昂贵，蔡顺倒是想买好吃的给母亲，但是没有钱，实在买不起，只能用野菜、剩粥侍奉母亲，他为此非常痛苦。有一天，蔡顺又到野外去拾桑葚，恰巧遇到赤眉军，义军士兵厉声问道：“为什么把红色的桑葚和黑色的桑葚分开装在两个篓子里？”蔡顺回答说：“黑色的桑葚供老母食用，红色的桑葚留给自己吃。”赤眉军怜悯他的孝心，送给他三斗白米和一头牛，让他带回去供养他的母亲。

同样是汉代的江革也是这样一个极为孝顺的人。战乱中，他背着母亲逃难，几次遇到匪盗，贼人想要杀死他，江革哭着恳求：“老母年迈，无人奉养。”贼人见他孝顺，不忍杀他。后来，他带着母亲搬到下邳这个地方，做雇工供养母亲，自己贫穷赤脚，让母亲吃好穿暖。最后，这个孝顺的人迎来了新生活，汉明帝时被推举为孝廉，汉章帝时被推举为贤良方正，任五官中郎将。

因为环境原因，也许有时候没有办法让父母吃好的用好的，但是心存孝意，尽力而为，就是孝。现在有个新词，叫“空巢老人”。“空巢老人”一般是指子女由于工作、学习、结婚等原因离家后，留在家中的孤独的中老年人。随着社会老龄化程度的加深，“空巢老人”越来越多，已经成为一个不容忽视的社会问题。

这些老人因为独守空巢，难免会心情郁闷、沮丧、孤寂，食欲不振，睡眠失调，愁容不展，甚至流泪哭泣。这些“空巢老人”常常会有自责倾向，认为自己老了没有用处了，成了子女的累赘，觉得对不起子女，另外也会责备子女，会认为子女不孝顺，只顾自己的利益而让父母独守空巢。

确实，现在的年轻人大多数都是独生子女，结婚后两个人要赡养双方四个老人，事业需要拼搏，家庭需要维持，上有老下有小，一大摊子烦恼压在肩上，怎么能不让人头疼？可是再头疼，奉养父母不仅是一种法定的责任，更是一种情感的回报。为人子女的如果不能每日守在父母身边尽孝，就更应该加强对老人的“精神赡养”，应该在情感上和理智上有体贴父母的习惯，即使离巢，也要增加与父母的联系，要常回家看看。

每个人在社会上扮演着不同的角色，可是如果抛开各种身份，会发现有一点大家是相同的，那就是为人子女。从这个意义上讲，每个人都一样，都是普通人，因为大家都只是父母的孩子而已。作为这样一个普通人，想一想生命的历程，最初是父母给了我们生命，然后在我们成长的路上，父母一路付出心血。为此，我们应该懂得感恩，而我们又有什么理由不回馈？如果用偿还来计算对父母的奉养，那么不管我们怎么做，都是偿还不清父母的生养之恩的。我们只能从一点一滴做起，竭尽全力奉养父母，让他们从物质到精神都能得到满足。

四

『五要』『三戒』

——最起码的孝行

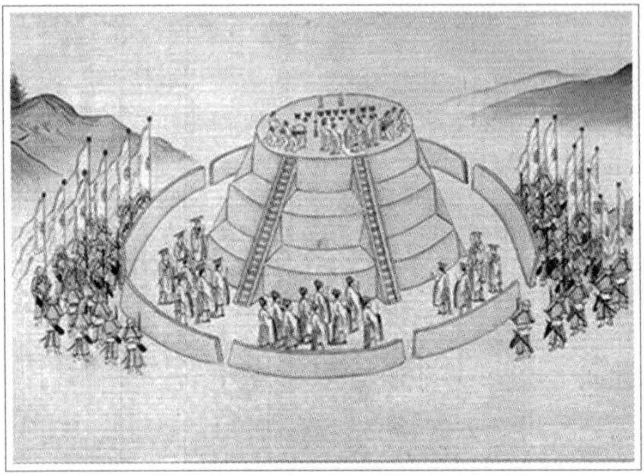

第九章

聖治　曾子曰敢問
聖人之德無以加於
孝乎子曰天地之性
人為貴人之行莫大
於孝孝莫大於嚴父
嚴父莫大於配天則
周公其人也昔者周
公郊祀后稷以配天
宗祀文王於明堂以
配上帝是以四海之
内各以其職來祭夫
聖人之德又何以加於
孝乎故親生之膝
下以養父母日嚴聖
人因嚴以教敬因親
以教愛

孝道远远不只是讲大道理，孝道要有具体的行动。《孝经》把孝行的内容归结为“五要”“三戒”：要敬老、要养老、要亲老、要送老、要尊老；戒自以为是骄傲自满、戒为下而乱兴风作浪、戒与人纷争惹来祸端。

居则致其敬

——敬老：有敬才是孝

俗话说“养亲容易敬亲难”。很多人都以为拿点钱供养父母，买点好吃的好穿的给父母，这就是孝了。可是，还差得远呢！《论语·为政》中子游向孔子请教孝道时，孔子回答他说：“今之孝者，是谓能养，至于犬马，皆有所养。不敬，何以别乎？”——今日所谓的孝是指能够供养照顾父母，但是家中的狗和马一样也有人供养照顾啊！假若心中少了敬意，那又如何可以分辨这两者呢？

温柔敦厚如孔老夫子，竟有这般犀利的言语，可见敬老在孝道中的分量。所以《孝经·纪孝行》说“居则致其敬”，就是告诉人们孝子在居家的日常生活中，要以最大的敬意去侍奉父母。

历史上有很多事亲至孝的人，他们都对老人心存敬意，丝毫不敢有怠慢嫌恶之意，比如宋代的黄庭坚，他体恤母亲爱清洁的习惯，每天给母亲洗便桶，因为心存敬意，所以没有一丝嫌恶。

黄庭坚是个大文豪，是盛极一时的江西诗派开山之祖；他的书法成就也很高，与苏轼、米芾、蔡襄并称为“宋代四大家”。黄庭坚在朝廷做官也很有声望，是一个德才兼备的人。因为在朝为官，公务繁忙，再加各种交际应酬，黄庭坚总是应接不暇。只是再怎么忙，奉养母亲的事他却从不怠慢。每当黄庭坚回府探望母亲时，他都要为母亲端茶奉水，坐在母亲身旁微笑地嘘寒问暖，他还经常抽出时间和母亲唠唠家常，让母亲时刻都能感受到儿子对她的关怀。做母亲的也非常体谅儿子，经常告诉黄庭坚，不要为了照顾她而耽误了朝廷的事。黄庭坚每次都笑着让母亲放心。

《宋史》中记载他“性笃孝，母病弥年，昼夜视颜色，衣不解带”。意思是说，黄庭坚侍奉母亲十分孝顺，母亲生病多年，他在公务繁忙的情况下，仍然不忘每天探望母亲，并且守护在母亲身边，悉心照料，从不厌倦。据说黄庭坚的母亲非常爱干净，为了安抚母亲的心，他每天都亲自为母亲洗刷便桶。这天，黄庭坚拿起母亲的便桶正要清洗，母亲忙说：“儿呀，这便桶很脏，以后就交给下人洗刷吧，你劳累了一天，该好好休息，不要再为娘洗刷便桶了。”黄庭坚笑笑说：“下人们粗手粗脚的，总会马虎大意，您用着不干净的便桶心里该不舒服了。”

没有一丝嫌恶，没有一点恼怒，心里想的只是老人过得舒不舒适。便桶的脏臭，在对母亲的敬意面前变得那般洁净。

有敬才是孝，明代理学家胡居仁一生致力于“敬”，他论学主张“敬”，强调“敬为存养成之道，贯彻始终，所谓涵养须用敬”。他把自己的书斋命名为“敬斋”，在主持白鹿洞书院时，还将“主诚敬以存心”一条列入学规。

还有一历史记载很让人感动。说的是清朝中期，江南崇明吴姓人家，出了四对孝子孝妇。他们的父亲壮年时，因为家境贫寒，没有办法养活孩子，无奈之下只好把四个儿子卖给富裕人家为奴。孩子们渐渐长大，四个人都靠着自己的努力赎了身，并各自娶妻生子，事业有成。兄弟们知道老父亲当年卖子为奴的苦楚，越发体贴老人的艰辛，争相奉养老父亲。兄弟议定，四家轮流奉养，每月一轮，一年中每家都能得到尽孝机会。但媳妇们认为，这样间隔太长，建议改为每天一轮，每家每四天就能得到尽孝机会。后来，大家认为应当每天尽孝，就改为一日三餐，一餐一轮。儿孙齐集一堂与老人共餐，恭敬地听老人家的教导。争相尽孝，没有半点不敬之意，老人家自然能颐养天年。

这个故事让人温暖。但同为人之子女，当下的人们有多少人能做得到呢？子女不孝敬老人的事件不是常常出现于各种媒体吗？

也许很多人在平常的时候觉得自己对父母已经够好了，供他们吃，供他们穿，还花钱让他们出去旅旅游，给他们买各种补品什么的，可这并不代表有多孝。想想平时的一举一动，是否忽略了太多细节。有人对老人说："你们老了，对现在的社会一点也不了解，跟不上形势，现在我们养活你们，你们就好好吃饭得了，什么都不要管了。"什么都不让父母操心，这看似很孝顺，但是却也失去了敬意，听到这样的话父母会失落，他们会认为自己没有用了。尤其是父母岁数越大，就越敏感，他们身体衰弱了，心里就会有一种很特殊的反应，那就是怕子女对自己不尊敬。

生活的压力、日常的忙碌，让很多人没有心思好好去思考孝道，认为赡养父母就是尽孝。可是孝不是形式，不同于养犬马，所以光有物质上的补养，那未必是真孝。美国著名心理学家马斯洛的需要层次理论中，人类的需要是分层次的，由低到高，尊重高于生理的供养。

若是爱，若是孝，请用心去尊敬父母。

养则致其乐

——养老：让父母快乐地生活

世界卫生组织曾提出“健康四大基石”的说法，包括平和的心态、均衡的营养、适量的运动和充足的睡眠。在所有的“健康基石”中，心态平和是最根本的。有一位著名的医学家曾经说过：“在所有对健康不利的因素中，最能使人短命的是不良情绪和恶劣的心境。这些情绪包括了忧虑、惧怕、贪求、怯懦、愤怒……”尤其是对于老年人来说，随着年事的增高，身体状况本来就会越来越差，如果再没有一个好的心情，只会变得更糟糕，这是任何一个孝子都不愿意看到的结果。

如果能保持轻松愉快的好心情，自然会健康长寿。因此，作为孝顺的子女，在赡养父母的时候，应该要注重让父母心情愉快，这就是《孝经·纪孝行》所说的“养则致其乐”。我国古代虽然没有科学的实验研究，但是已经懂得了这个道理，“老莱子戏彩娱亲”的故事体现的也是这个道理。

老莱子是春秋时期楚国的隐士，他为了躲避世乱，在蒙山南麓一个地方过着农耕的日子。他孝顺父母，总是努力用各种美味佳肴供奉双亲。他到了七十岁也从不说自己老，常常穿着五色彩衣，手持拨浪鼓，像个小孩子一般戏耍玩闹，以博父母开心。中国人现在依然有不在老人面前说自己老的风俗，或许就是从老莱子的故事流传下来的吧。

孝敬父母，让父母欢喜，不是说要一天到晚像老莱子那样，在父母面前翻筋斗，而是要学习他那种精神，那种一生都和颜悦色地对待父母、让父母高兴的精神。

有人会说天天在父母面前表现得兴高采烈并不那么容易，因为生活中尤其是工作中会碰到许多不顺，有时候难免会把不快乐的情绪带回家中，带到父母面前。但是这并不能成为在奉养父母时表现自己不高兴的理由。其实把工作的情绪带回家本来就是一个错误，各种研究表明，在当今社会，很多人认为工作压力太大，而把不快乐带回家中，家人会因此跟着倒霉。心理学家认为，压力是一种极具传染性的东西，除非采取措施，否则它可能会破坏家庭生活。

生活中的确有苦恼，我们也可以向家人诉说，但却不能把苦恼全部转移到家人的身上。要知道，家是温暖可靠的后方，我们应该用心呵护它。工作了一天回到家，打开家门的时候，就应该把工作中的不快乐拒之门外。

带份好心情回家，以此表明对父母家人的关爱。《论语·为政》说："色难。有事，弟子服其劳；有酒食，先生馔；曾是以为孝乎？"——晚辈长期保持恭敬和悦的神色是最难做到的。当有事时，年轻人去做；有丰盛美食时，由长辈吃；这样就可以算是孝了吗？

一个反问句，已经表明了孔圣人的态度：奉养父母时保持愉悦的心态和表情才是真孝！因为只有这样，才能让父母也心情愉快。试想，如果一天到晚阴沉着脸，跟父母说话也没有好语气，父母怎么能够高兴得起来？

《礼记》中也说："孝子之有深爱者必有和气，有和气者必有愉色，有愉色者必有婉容。”——深爱父母的人肯定态度平顺温和，态度温和的人一定会表现出愉悦的神色，表现出愉悦神色的人就会有和顺的仪容。如此一来，父母看着也会高兴。

为了让父母快乐地生活，还应该要了解父母的好恶，尽量满足他们的喜好。《弟子规》说：“亲所好，力为具。”三国时期那个“陆绩怀橘”的故事讲的就是从前连小孩子都懂得爱父母而致其乐的道理。

有一次，六岁的陆绩跟着父亲到袁术家中做客。袁术看小陆绩天真可爱，便想试试他的才气，于是提了许多问题，陆绩都对答如流。袁术非常赞叹小陆绩的才学，不仅破例给他赐座，而且还命人端来当时极其珍贵的橘子给他吃。

陆绩从来没有吃过这么好的橘子，于是悄悄地把三个橘子藏在怀中。当与袁术告别时，他跪下行礼，怀中的橘子滚了出来。袁术看见了，觉得很奇怪，于是问陆绩：“我招待你吃还不够吗？又没有规定你吃多少，干吗要藏橘子？”

陆绩神色自若，一点也不觉得难堪，说道：“我的母亲一向很喜欢吃橘子，这么好吃的橘子，我想拿回去给母亲尝一尝，母亲吃了一定很快乐。”

在小陆绩眼中，孝养父母，使父母欢乐，那是天经地义的，没有什么见不得人的。袁术深受感动，并把剩余的橘子都给了小陆绩，认为小小年纪就有如此孝心，将来肯定是个不同凡响的人物。陆绩也因为这件事而名声显赫。后来有诗赞道：

当年橘子入怀日，正是天真烂漫时。
纯孝成性忘小节，英雄自古类如斯。

一个六岁的孩子，已经懂得孝行，想让母亲安心欢乐，怎能不令人感动？当然，我们不是鼓励偷窃他人之物来“事亲致其乐”。孝心虽可嘉，然孝行如果不合道德，则不可模仿。《弟子规》说：“德有伤，贻亲羞。”如果品德有了污点，这反而令父母不高兴，甚至羞愧，所以孝行要以德为基础。

奉养父母是每一个人的义务，但是要养的不仅仅是父母之身，更重要的是要养父母之心，要让父母快乐地生活。意大利著名作家亚米契斯说：“一个人如果让自己的母亲伤心，无论他的地位多么显赫，多么有名望，他都是一个卑鄙的人。”歌德也曾经深情地说：“在这个世界上，没有能比那欣赏自己怀中所抱婴儿时的母亲，眼睛更清澈的；也没有比被众多儿女们围绕着的母亲，更感受到被敬爱的。”因此，赡养父母就必须让他们快乐，否则就是不孝。

事实上，父母的快乐很容易满足，子孝父心宽，他们需要的不是金银珠宝或山珍海味，而是子女发自内心的关爱，只要用心爱他们，就是他们最大的快乐。

病则致其忧

—— 亲老：病床前的考验

有一阵子有一段话很流行，电脑网页上、手机短信里、平日闲侃间总能看得到听得见——“什么都可以没有，就是不可以没有钱；什么都可以有，就是不可以有病；什么都可以缺，就是不可以缺德”。

没钱可以挣，德行可以修，可是没有人能逃得过生病，或大或小、或急或慢，它却总会在不经意间就来到身边。若是自己生病了，总免不了一番懊恼，然后寻医问诊，点滴吃药，直到病好还信誓旦旦：“我一定要好好锻炼，保重身体，再也不要生病了。”那么倘若是父母、家人生病了，我们会是怎样的心情？又该做些什么？

不一样的人会有不一样的心情，而每个人又都有自己不同的举动，自然也就有不同的回答。其实早在两千多年前，《孝经·纪孝行》就已经给了我们一个最简洁的答案，那就是：“病则致其忧。”

一个“忧”字，万千情绪不离其中。

父母病了，做子女的应该是最为忧心的。为什么？因为若是自己得病，那么只是自己痛苦一些罢了，可是父母得病了，一则不忍看他们痛苦，二则万一他们因病去世了，那么留给我们的就只有“子欲养而亲不待”的永久遗憾了。因为忧心，因为害怕留下遗憾，所以竟有人口尝粪便帮助判断父亲的病情，这个人就是南齐时候的庾黔娄。

故事得从庾黔娄被任命为孱陵县令说起。孱陵在现在的湖北公安县南，离庾黔娄的家有三百多公里。庾黔娄接到任命通知后，告别了家人，高高兴兴地做官去了。可是，上任才风光了不到十天，他忽然觉得心里慌乱，还满身流汗。庾黔娄暗暗在想：莫不是家里出事了吧？可是那个时候，交通不便通信也不便，不能坐车回家瞧一瞧，也没法打电话发短信问一声。庾黔娄心急如焚，坐立不安，这三百多公里的路程可不近，来回就得好几天，离家远了可真不是个事，家里有个什么事都照顾不了，于是他狠狠心、咬咬牙，竟然辞了官。

庾黔娄草草地收拾了行李赶回家中，才知道父亲前几天生病了，这两日已经加重了病情。医生嘱咐说："要知道病情吉凶，只要尝一尝病人粪便的味道，味苦就没有大碍。"这可如何是好？一家人乱作一团。庾黔娄什么也没有说，他默默地去尝了尝父亲的粪便，可竟是甜的。庾黔娄内心十分忧虑，夜里跪拜北斗星，乞求代替父亲去死。然而老天没有遂他的愿，几天后父亲去世了，黔娄悲痛地安葬了父亲，并守丧三年。

现在医学发达了，各种检查应有尽有，再也用不着口尝粪便去断定病情了。可是，陪着做检查的人却不再有耐心了，打手机的、时时看表的、走来走去的，各种状态明显地表示着不耐烦。父母总是试探着说："要不你回去忙你的吧，我自己没有问题的。"说这话的时候，父母是忍着内心多大的哀伤呢？或者他们宁愿自己承受等待检查结果的煎熬，也不想给子女添麻烦。

什么时候，父母竟成了麻烦？从我们牙牙学语、蹒跚学步，到我们成长成家、建功立业，一路走来，父母为我们付出了多少心血？我们渐渐大了，父母渐渐老了，他们腿脚不便了，听力下降了，视力也不行了，可他们绝不是我们的“麻烦”。家有一老，如有一宝，我们要懂得珍爱。家中的“宝”病了，难道我们不应该忧心吗？当然这个“忧”字，不是说愁眉苦脸，如果子女一天到晚哭丧着脸，父母没病都会被闷出病来，有病了那还得了？这个“忧”是说内心忧虑，并用心照料。

父母病了，做子女的照料个三两天自然没有问题，甚至三五个月也是可以的，可如果时间更长一些呢？古代有个说法，叫作“久病床前无孝子”，说的就是父母长久卧病在床，是对子女孝心的考验。以孝治国的汉文帝刘恒，司马迁在《史记》中还记载了一则他“亲尝汤药”的故事，证明真正的孝心是经得起考验的。

如果说出身决定了一个人的命运，那刘恒注定是不幸的。他的母亲薄姬是项羽所封诸侯中魏国王宫中的宫女，刘邦打败魏国后，把许多宫女选进自己的后宫，可这只是占有，没有爱。临幸过后，薄姬依然备受冷落，即便是后来生下了刘恒，地位也一直只是“姬”，没有升到“夫人”。母亲不受宠，儿子也就很难被重视，刘恒的地位从来都不及其他王子那般显赫。

但他又是幸运的。刘邦共有八个儿子，吕后仅生了一个，就是惠帝刘盈。惠帝去世后，吕后为了掌握政权，对刘邦其他的儿子们大开杀戒。因为地位低微的缘故，刘恒幸运地活了下来。后来他又因为自己的宽厚仁慈幸运地成了汉文帝，开始了他尊贵的帝王生涯。

贵为帝王的汉文帝，自始至终都对母亲十分孝顺。有一次薄太后生病了，卧床不起。文帝心急如焚，他不分昼夜地在一旁精心服侍，目不交睫，衣不解带，从未睡过一个安稳觉，有时困了就在母亲病床边趴一会儿。每次端上汤药来，文帝总是要先尝一口，看看药烫不烫、苦不苦，然后再给母亲喝。薄太后这一病就病了三年，文帝三年如一日尽心地照顾母亲。一千多个日日夜夜，他每天都忧伤不安，他只怕母亲从此离去，只怕自己从此成了没娘的孩子。

父母生我们养我们，百般的疼爱都给了我们。父母健在，那我们依然还是孩子，依然可以撒娇任性，可若是父母不在了，那么任凭我们如何努力也弥补不了这样的缺憾了。命运的无情在于父母终有一天会离我们而去，谁也逃不了，可是我们可以选择，选择珍惜他们在身边的日子。守在病床前的日子或许很苦，可再苦也还是有爹娘的孩子，多一点忧心，多一点耐心，这样，我们的遗憾就会少一点。

丧则致其哀

——送老：有一种哀伤叫化悲痛为力量

生老病死，自然之道，我们都知道，可是我们却看不开。若有亲友的父母、家人去世，我们在劝慰的时候，总是说“节哀顺变”，可若是自己的父母亲人去世，却是任谁也无法“节哀”。生与死的距离，是永不相见的遗憾，怎么可能不哀伤？

《孝经·纪孝行》就说：“丧则致其哀。”——父母去世时，在进行殓殡奠馔和拜祭哭泣等丧仪时要极尽悲哀痛惜的感情。

丧则致其哀，父母去世时，孝子的哭应该是最为哀伤的哭泣，不拉长尾音，不虚伪做作；因为极为悲伤，所以不必拘泥于礼节容止；话语简洁，不加修饰；穿着质料优异花纹新颖的服装会感到不安，即使听到欢快的音乐也不会感到快乐，再好的东西吃到嘴里也没有了味道。这就是《孝经·丧亲》所讲的“孝子之丧亲也，哭不偯，礼无容，言不文，服美不安，闻乐不乐，食旨不甘”。这就是居丧之礼。

居丧又称丁忧，或称守丧、值丧，期限为三年，于是称“三年之丧”。三年丧期内的守丧行为在服饰、言语、容体、居处、饮食等方面都有详细的规定，如不得婚嫁、不得娱乐、不得饮酒食肉，有官职者还必须解官回乡守丧等等。或许三年时间太长，规定也太严格，但是这些繁缛的形式都是为了表达生者心情之哀痛。

逝者已逝，生者尽管悲伤，可还得继续面对生活，就必须学会消化丧亲之痛。《孝经·丧亲》说不能太过悲伤，要懂得保重身体："三日而食，教民无以死伤生，毁不灭性，此圣人之政也。丧不过三年，示民有终也。"

父母去世后三天，孝子要开始吃东西，不能因为父母的逝世而哀痛过度伤害了自己的身体，不要由于悲伤而身体瘦弱，以至违背了人性，这就是圣人的政教。孝子为父母服丧不超过三年，圣人这样规定，是为了让民众知道，无论什么事都应该有个终结的时候。

所有的悲伤都要有个终结，否则就会伤了身体误了前程。身体发肤，受之父母，伤了身体本身就是不孝。孝，就得爱惜自己；孝，就得扬名后世，所以我们要化悲伤为力量，继续向前，并且加倍珍惜在世的亲人。

子路因为长期哀思双亲而痛苦不已，孔子就曾开导过他。

子路出身贫寒，家人经常食不果腹，有时还要到野外采摘野菜充饥。一次，年迈的父母念叨好久没吃过饱饭了，如果能吃一顿饱饭就好了。子路听到后，十分愧疚，可是家中早已无米下锅多时。子路看在眼里，急在心里。为了让父母吃上饭，他不辞劳苦，走到百里以外，向舅舅借了一小袋米，并且马不停蹄地赶回家，孝养双亲。

日子就这样艰难地一天一天度过。后来子路的父母去世后，他开始周游列国。楚王十分敬佩子路的学问与人品，给子路加官进爵。这个时候，子路家中的粮米堆积如山，随从车辆数以百计，吃饭时，虽有山珍海味，子路却食之无味。

子路总是不能忘记以前父母的劳苦，常常感叹："如果父母在世就好了，他们就可以好好吃饭安享晚年了，可是现在他们不在了，我拥有这一切又有什么意义呢？还不如和以前一样，陪在父母身边，那样就算是吃野菜，喝淡水，到百里外背米，我也心甘情愿，无怨无悔！”

当孔子得知子路如此思念双亲，并且一再为自己无法在父母生前尽力奉养而自责时，便劝慰子路说：“你父母不在时，虽无法用优厚的丧礼办后事，但你的孝心天地可鉴，你可以不必自责内疚了。”

再怎么悲伤、自责也于事无补，“丧则致其哀”就是警示我们父母终有老去的一天，这时生离死别的儿女一定会哀痛不已。所以我们要趁父母有生之年，恪尽孝道，及时把握。否则因缘一过，再怎么懊恼、后悔也只能空留无限遗憾。

《孔子家语》中记载了这样一件事。孔子在去齐国的途中，听到有人哭得非常伤心，孔子就下车问他为什么哭得那么伤心。

那人答道：“吾有三失，晚而自觉，悔之何及？”——我一生有三大过失，晚年才发觉，可现在后悔又有什么用呢？

孔子又问：“是哪三样东西令你如此悲伤呢？”

那人回答：“吾少时好学，游遍天下，后还丧吾亲，是一失也。长事齐君，君骄奢失士，经谏不遂，是二失也。吾平生厚交，而终皆离绝，是三失也。夫树欲静而风不止，子欲养而亲不待。往而不来者，年也；不可再见者，亲也。”

我年轻的时候好学，周游天下，后来父母去世了，没有尽到孝心，是第一大过失；长期侍奉齐王，齐王骄横奢侈，多次劝谏也不成功，是第二大过失；平生交了不少朋友，可到头来却都离我而去，是第三大过失。想一想，最大的遗憾就在于没有奉养双亲，现在想要尽孝父母却不在了。过去了就不再回来的，是岁月；离开了就不再能见到的，是父母。

“树欲静而风不止，子欲养而亲不待。”所以，父母在世时，当下就是表达哀思最好之时。俗话说：“生前一杯水，胜过死后百重泉。”能时时以世事无常来警惕自己，告诉自己孝顺要及时，那么或许可挽懊悔于万一。

当代作家毕淑敏说过：“有一些事情，当我们年轻的时候，无法懂得。当我们懂得的时候，已不再年轻。世上有些东西可以弥补，有些东西永远无法弥补。孝是稍纵即逝的眷恋，孝是无法重现的幸福。孝是一失足成千古恨的往事，孝是生命与生命交接处的链条，一旦断裂，永远无法连接。”

若是在父母生前我们已经极尽了孝道，那么等到父母去世的那一天，虽然我们的悲伤不减，但是我们的遗憾或许会少一些。我们痛过，我们哭过，可是我们可以擦干泪水，跟自己说一声“节哀顺变”，然后化悲痛为力量，继续前行。

祭则致其严

—— 尊老：事死如事生

孝字最早的意义，竟是祭祀。

远古时代，人的力量非常薄弱，为了祈求天地神鬼的保护庇佑，人们厚葬祖先虔诚祭祀，产生了孝的最初意义。在艰难的发展历程中，人们渐渐看到了人的力量的重要性，于是在祭祀天地鬼神之外，开始注重对活人的尊敬，增加了对父母的孝敬。

从祭祀亡故的祖先到孝敬在世的父母，是一种变化，却不是舍弃。祭祀作为华夏礼典的一部分，被继承下来，一直传承到今天。

人们相信亡故的父母祖先能够感应到自己的思念，所以："为之宗庙，以鬼享之；春秋祭祀，以时思之。"——将亡故的父母的灵魂请进宗庙，为其立牌位，用酒食进行祭祀；春夏秋冬，按时祭祀，表达自己的哀思。

既然亡灵能够感应到祭祀者的哀思，那么在祭祀时就要恭敬虔诚，要事死如事生，要像父母祖先还在世一样去尊敬他们。《孝经·纪孝行》就说："祭则致其严。"——在祭祀父母祖先时，要肃穆诚敬，不能随随便便流于形式，而应该发自内心去祭祀。

祭则致其严，这是祭礼最基本的要求，也是孝道的一个准则，所以孔子说："生，事之以礼；死，葬之以礼，祭之以礼。"我国古代的祭礼包括上香、读祝文、奉献饭羹、奉茶、献帛、献酒、献馔盒、献胙肉、焚帛烧纸、辞神叩拜等。在祭祀过程的重要环节，还鸣锣击鼓或以弦乐伴奏，为祭礼增添热烈浓重的气氛。

再多的礼仪和条条框框，其实只为了一点——“祭尽诚”。

祭祀的习俗慢慢发展，逐渐形成了三大“鬼节”——清明、中元、寒衣。鬼节即悼念亡人之节，是和祭祀天神、地神的节日相对而言的。我国古代祭祀的对象分为三类，即天神、地祇、人鬼。那时候祭祀有严格的等级界限，天神、地祇只能由天子祭祀，诸侯大夫可以祭祀山川，普通老百姓则只能祭祀自己的祖先和灶神。从天子到百姓，每一个人都有祭祖的权力，于是有了清明、中元、寒衣三大鬼节。

清明，原是中国传统历法中的二十四节气之一，后来才渐渐演变为传统节日，也是唯一演变为节日的节气。我国很早就有在墓前祭祀祖先的风俗，秦汉礼制则规定每逢初一、十五以及二十四个节气等日要到祖陵祭祀供奉。至唐明皇开元年间，皇帝下诏改制，废止了其他的拜扫活动，规定清明前一日寒食节为扫墓之日。由于寒食与清明相连，而清明又是旧制的上坟祭陵之日，所以清明与寒食自唐代就合二为一成为扫墓的节日。每逢清明，政府为官吏放假，以便于回乡扫墓。

古代扫墓的情景，在许多古籍中都有生动具体的描绘。《帝京景物略》载：“三月清明日，男女扫墓，担提尊榼，轿马后挂楮锭，粲粲然满道也。拜者，酹者，哭者，为墓除草添土者，焚楮锭次，以纸钱置坟头。望中无纸钱，则孤坟矣。”扫墓，生死相离，是生者悼念亡者的断肠之梦，免不了沉重的心痛，“清明时节雨纷纷，路上行人欲断魂”是人之常情。

作为节日，除了鬼节的内涵外，清明还包含了上巳节的内容。上巳节早在先秦时期就已存在。三月之季，春暖花开，空气清新，人们可踏青郊游，《诗经·郑风·溱洧》即是描写郑国三月上巳节青年男女在溱河、洧河岸旁游春的诗歌。一个春水涣涣、桃花灿烂的季节，一个爱情和喜悦之情滋长的季节，这是法令允许的仲春之会，《周礼》规定"于是时也，奔者不禁"。而魏晋之后，上巳节固定在了三月三日，与清明祭祖在时间上有了交叉，而且同是去郊外，于是踏青的习俗就慢慢地并入到扫墓这一天。除了扫墓、踏青，在清明这一天，古代流行的还有拔河、放风筝、荡秋千、蹴鞠、插柳、植树等活动。

农历的七月十五为中元节。传说七月十五是地官圣诞，地官掌管地狱之门，这一天地官打开地狱之门，已故祖先可回家团圆，因此又是鬼节，是中国三大鬼节中最重要的一个。这一天要祭祖、上坟、点荷灯，为亡者照回家之路。

农历十月初一谓之"十月朝"，又称"祭祖节"或"冥阴节"。十月伊始，标志着严冬的到来，为免先人们在阴曹地府挨冷受冻，这一天，人们要焚烧五色纸，为其送去御寒的衣物，并连带着给孤魂野鬼送温暖。十月初一烧寒衣，寄托着今人对故人的怀念，承载着生者对逝者的悲悯。

三大鬼节之外，我国祭祖的节日非常多，如除夕、春节、端午、重阳等，也有人会每逢初一、十五都祭祖，甚至有人每日都供奉祖先。祭祖的形式也很多，有的到野外瞻拜祖墓，有的到宗祠拜祖，而大多在家中将祖先牌位依次摆在正厅，陈列供品，然后祭拜者按长幼的顺序上香跪拜。

人们祭祖原本是为着向祖先求福，希望祖先荫庇子孙，并为子孙解决困难。可是，随着认识的提高，神鬼观念日渐淡薄，祭祀就成为了表达思念的一种方式，所谓"慎终追远"就是指慎重地办理父母丧事，虔诚地祭祀远代祖先，追念前贤，效法先人。

效法先贤，承继先祖的遗志，完成先人未尽的事业，这才是祭祀的根本精神，这才是真正的孝。许慎《说文解字》说：“孝，善事父母者也。从老省，从子，子承老也。”子承老，不仅是指赡养，更重要的是承继父母祖辈的事业及精神。《中庸》中孔子也说：“夫孝者，善继人之志，善述人之事者也。”

随着时代的发展，很多祭祀的习俗已经不符合当下的实际，比如焚烧纸钱、鸣锣击鼓，于是有了许多改变，但是不管怎么变，追思先祖之情不会变。在祭祀之时，供上瓜果酒食，供上他们在世时爱吃的东西，就像他们还在身边一样尊重他们，严肃、恭敬、诚挚。

戒居上而骄

—— 放低你的姿态

中国有句人人皆知的话，叫“骄傲使人落后，虚心使人进步”。“骄傲”其实是一个多义词：“骄”指马背拱起不让陌生人骑，“傲”指人昂首抬头的样子，两个字合起来有自豪的意思，也指自以为是、骄傲自满、轻视他人。后面的意思与傲慢相近。

一直都知道骄傲自满不对，知道傲慢不好，但是真正被“傲慢”所震惊还是因为大卫·芬奇的电影《七宗罪》。影片描述的是一名连环杀手执迷于七宗罪，因此设计种种案件。七宗罪又叫七罪宗，是西方基督教对人类恶行的分类，分别为傲慢、妒忌、暴怒、懒惰、贪婪、贪食及色欲。傲慢被认为是七宗罪中最原始、最严重的一项，一个人如果自高自大、目空一切，就是傲慢，最终会遭致祸害。

在西方基督教文化中，傲慢是所有罪中最致命的，路西法就是因为傲慢而堕落，最后成为了与神对抗的魔鬼。路西法曾经是天堂中地位最高的天使，他是第一位也是最后一位圣光六翼炽天使，在没有堕落前担任天使长的职务。他由于过度高傲，意图与神同等，于是率领天界三分之一的天使举起反旗，最后失败而堕落成撒旦。

路西法和反叛的同伴一起被投入了深渊中，消失了天使的荣耀与光辉。这正合《孝经·纪孝行》所讲的“居上而骄则亡”——处于上位而骄傲自满就会遭致灭亡，因此要“居上不骄”。

中国古代因为傲慢而亡国的帝王也实在不少，历史上“最有名”的当属商纣王。纣王在商代本不叫纣王，而称帝辛。“纣”是周王朝对他的称呼，有许多侮辱及蔑视的意味。帝辛原本是一个很有本事的人，他能文能武，继位后十分重视农桑，社会生产力发展，国力强盛。他还善于用兵，统一了东南以后，把中原先进的生产技术和文化向东南传播，推动了社会进步和经济发展，促进了民族融合。

这个文武双全的人最初并不像现在人们印象中的那样傲慢暴虐，他一开始还是很懂得敬重人才的，大臣征战归来，帝辛会带满朝文武到十里长亭迎接。为国效力的人很多，帝辛也因此才赢得了前期的辉煌成就。

人最难的不是在卑微的时候低调，而是在志得意满的时候依然保持谦逊的态度。文武双全、敬重人才的帝辛并没有一直保持自己的美好形象。帝辛在位后期，渐渐居功自傲起来。他耗费巨资建鹿台，造酒池肉林，过着穷奢极欲的生活，使国库空虚；他刚愎自用，听不进正确意见，杀比干、囚箕子，使用炮烙等酷刑，镇压人民；他连年用兵，国力衰竭，失去人心，等等。约在公元前1046年，周武王联合西方十一个小国会师孟津，对商朝发起进攻，大批俘虏倒戈，周兵攻到商都朝歌。帝辛登上鹿台，“蒙衣其珠玉，自焚于火而死”。

一个原本优秀的君主，最后竟死于自己的傲慢。他若是能一直保持敬重人才的态度，保住比干、礼遇箕子、爱惜百姓，也许商王朝能再辉煌几十年。可是，他被自己的成就冲昏了头脑，他骄傲，他自以为是，他刚愎自用，于是他成了商纣王，从此历史上多了一位暴君。

历史上还有一位君主，也因为自己位居上位一意孤行而最终失掉了自己的位置，那就是西周的周厉王姬胡。

姬胡原本也是个有所作为的人，他曾攻破噩侯、平定淮夷，保卫了京都和周的社稷；他重视农业，以“稼穑”为国宝；他改变周、召二公“世为卿士”的惯例，起用了在经济、军事上有专长的荣夷公和虢公长父；为了保证经济、政治上的改革，他又加强法制措施。如此看来，姬胡也算得上是一个改革家，他在政治、经济、军事、法律等方面都进行了改革。

可这样的改革并没有成就他，相反，他因为横征暴敛、不听劝谏，招致贵族和平民的不满，国都里的人都公开指责他。召公报告说：“百姓不能忍受君王的命令了！”厉王非常生气，他到处找卫国的巫者，派他监视口出怨言的人，发现就杀掉。因此，国都里的人都不敢说话，在路上见了面也只是彼此用眼睛互相望一望而已。厉王高兴了，告诉召公说：“我能止住谤言了，大家终于不敢说话了。”召公说：“这是堵他们的口。堵住百姓的口，比堵住河水更厉害。河水堵塞而冲破堤坝，伤害的人一定很多，百姓也像河水一样。所以治理河水的人，要疏通它，使它畅通，治理百姓的人，要放任他们，让他们讲话……口是用来发表言论的，政事的好坏就建立在这上面。实行好的而防止坏的，这是使财富、衣食充足的基础。百姓心里考虑的，口里就会公开讲出来，天子要成全他们，将他们的意见付诸实行，怎么能堵住呢？如果堵住百姓的口，将能维持多久？”

厉王不听。

国都里的人不敢再发表任何怨言。

不说话不代表没有想法，国都里的人将一切不满都藏在心底，慢慢盘算。过了三年，终于发生了国人暴动，人民包围了王宫，袭击厉王，他仓皇而逃，后来死在了彘那个地方。

与七宗罪相对应，天主教又列出了七美德，与傲慢相对应的就是谦逊。人类的智慧竟是如此相通，在我国，早在《尚书·大禹谟》中就有了“满招损，谦受益”的论说，《孝经·纪孝行》也说“居上不骄”。那么，请放低你的姿态，不要自以为是，这样才能保住你的本心。

戒为下而乱

——不要兴风作浪

中国的语言很丰富，在这座丰富的语言宝库中有一个成语叫“兴风作浪”。这个成语很有意思，它来源于神话传说，最初是指妖魔鬼怪施展法术掀起风浪，后来比喻煽动情绪，挑起事端。元代无名氏《锁魔镜》第一折中说：“嘉州有冷、源二河，河内有一健蛟，兴风作浪，损害人民。”兴风作浪不仅伤害他人，也会让自己遭受祸端。所以《孝经·纪孝行》告诉人们不要兴风作浪，要“为下不乱”，因为“为下而乱则刑”——处于下位而犯上作乱就会被处以刑罚。

这不是教人们做顺民，而是劝导世人要做遵纪守法的人，因为兴风作浪最终会害了自己。历史上有名的“冲冠一怒为红颜”的主人公吴三桂就因为“为下而乱”而遭致满门灾祸。

吴三桂是武举出身，明代天启末年曾带二十余名家丁救其父于四万满洲人之中，孝勇之举遍闻天下，有“勇冠三军，孝闻九边”的美誉。

可是历史跟这个大孝子开了个玩笑，他本是一个以孝闻名天下的人，最后竟有了大不孝之举——仕明叛明，联闯破闯，降清反清，为下而乱，最终遭致灭顶之灾。说起吴三桂，人们都会想到江南名妓陈圆圆。

陈圆圆能歌善舞，色艺名冠苏州，响誉江南，时称“江南八艳”之一。在清军的金戈铁马跃跃欲试、想要入关的时候，陈圆圆正在苏州安然地当着她的花魁娘子。她每天欢歌艳舞，不知道自己的人生很快就要改写了。

这一年，清军已经搅得崇祯够心烦的了，李自成的农民起义军又惹得崇祯帝日夜不安。外戚周奎想给皇帝寻求美女，以舒解皇帝的忧虑之心，于是派遣田妃的哥哥田畹下江南选美。田畹也算是比较有眼光的，他将名妓陈圆圆等几个美女选了来献给崇祯皇帝。可惜当时战乱不断，崇祯无心享乐。放着那么个迷人的大美女在眼前，田畹色胆包天，把陈圆圆占为私有。

崇祯十六年（1643），崇祯帝急召吴三桂入援京师，抵御清军。吴三桂行军迟缓，到达时清军已退，但是崇祯帝还是很器重他，赐他尚方宝剑。田畹对战事整日忧心忡忡，见吴三桂受皇上重用，便宴请吴三桂，并令圆圆率歌队表演助兴。吴三桂对陈圆圆一见钟情，他的目光怎么也舍不得从这个水一样的女人身上挪开。酒过三巡，警报突起，田畹恐慌地上前对吴三桂说：“敌军要来了，该怎么办呢？”吴三桂说：“你要是把圆圆送给我，到敌军来时我就首先保护你家，不让你家遭受祸乱。”陈圆圆就这样成了吴三桂的宠妾。

因为战事紧急，吴三桂没有在京城多做停留，虽然难分难舍，却还是将陈圆圆留在京城府中，独自回宁远去了。

第二年，李自成的起义军直指京师，崇祯再次命吴三桂火速领兵入卫北京。吴三桂从宁远入山海关，二百里路程，走了十一天。当他抵达河北丰润时，李自成领导的农民起义军已进入北京，崇祯帝自缢于煤山，北京失陷，吴三桂撤兵退保山海关。李自成多次招他归降，吴三桂犹豫不决。

李自成率兵攻陷北京后，大顺军渐渐成为了失了控的疯狂暴徒。他们在追讨、榨完了明朝遗臣权贵的钱财之后，开始任意捕捉富户、商家和平民百姓，许多店铺和居民户经常在光天化日之下遭受大顺军登门抢劫，那情景简直跟北京城遭遇了大股土匪下山抢劫一样。

“迎闯王，不纳粮”本是一句精心策划的虚假口号。

李自成的手下爱将刘宗敏得知吴三桂的爱妾苏州名姬陈圆圆还在京城时，便直接把陈圆圆抢了过来。

还在山海关率兵抵御清兵的吴三桂听到这一消息时，即刻“冲冠一怒”，迅速打消了投降李自成的念头，并引领清军火速入关，与清兵一道进入北京，攻破李自成，也救回了陈圆圆。世人都说吴三桂降清是因为陈圆圆，于是从此陈圆圆背负“红颜祸水”的恶名。

可是，一个女人似乎不能承担这么沉重的历史责任。所谓“冲冠一怒为红颜”，这样的愤怒又有多少出自爱情？对于吴三桂来说，陈圆圆只是他的私人物品，因为自己的所有物被抢走所以愤慨，与爱情没有多大关系。后来的事实也证明吴三桂是一个爱江山甚于爱美人的人，而且他反复无常，言而无信，欲望冲昏了他的头脑。

吴三桂在职务上一再升迁。康熙元年（1662），吴三桂杀南明永历帝于昆明。同年，清廷晋封吴三桂为平西亲王，兼辖贵州省。就这样，吴三桂攀上了一生中权势的顶峰。他从此做起了“世镇云南”的美梦，处心积虑地要把云南变为自己的割据领地。他与镇守福建的靖南王耿精忠、镇守广东的平南王子尚之信相呼应，成为拥兵自重的三藩。

朝廷并不傻，早就看穿了吴三桂的伎俩。顺治十七年（1660），朝廷就以赋税不足为由，令吴三桂裁减兵员。吴三桂将绿营及投诚兵从六万人减至二万四千人，汰弱存强，留下的全是精锐之师。康熙十二年（1673），朝廷下令撤藩。

清朝同撤三藩的决定粉碎了吴三桂“世镇云南”的美梦。吴三桂气急败坏，暗中指令死党向撤藩使者请愿，要求停止撤藩，继而又拖延时日，与心腹将领密谋发动叛乱。他联合平南王子尚之信、靖南王耿精忠及广西将军孙延龄、陕西提督王辅臣等以反清复明为号召起兵反清，挥军入桂、川、湘、闽、粤诸省，战乱波及赣、陕、甘等省，史称三藩之乱。清政府调重兵全力镇压叛乱。

康熙十七年（1678），吴三桂在湖南衡州称帝，国号大周，建元昭武。同年秋在长沙病死。他的孙子吴世璠继位，退据云南。康熙二十年（1681），昆明被围，吴世璠自杀，余众出降。吴三桂的子孙后代被彻底杀光，包括襁褓中的婴儿。

孟子说：“不孝有三，无后为大。”吴三桂因为自己作乱，使得子孙后代死于非命，这样的代价任谁也支付不起。有人批判孝道，说孝是教人顺服，可是，做一个安分守己的人有什么不好？如果为下而乱，兴风作浪，就会被法律惩罚，莫不如实实在在做一个遵纪守法的人。

戒在丑而争

——不要误会了上进

"哀其不幸，怒其不争"是鲁迅在小说《孔乙己》中创造的名言，他借此表达对当时的国人一种无奈、同情和愤怒的感情。拆开来讲，哀是悲哀、惋惜、同情的意思，"哀其不幸"是说对某人的不幸遭遇感到悲哀；怒是愤怒、遗憾的意思，"怒其不争"是说对某人或者某种落魄境遇的不争气、不抗争而感到愤怒和遗憾。这个争，用另一个词讲就是上进。

其实上进是人的本能，每个人的心中都存在着上进的力量。玛格丽特·希尔达·撒切尔是一位享誉世界的政治家，她有一位非常严厉的父亲。父亲就总是告诫自己的女儿，无论什么时候，都不要让自己落在别人的后面。撒切尔牢牢记住父亲的话，每次考试的时候她的成绩总是第一，在各种社团活动中也永远做得最好，即使是坐公共汽车，也要永远坐在第一排。父亲从来不允许她说"我不能"或"太难了"之类的话。父亲的教育培养了玛格丽特积极向上的决心和信心。在以后的学习、生活和工作中，她时时牢记父亲的教导，总是抱着一往无前的精神和必胜的信念，尽自己最大努力克服一切困难，事事必争一流，以自己的行动实践着"永远坐在第一排"。后来，这个女人成为了至今英国历史上唯一的女首相，众所周知的“铁娘子”。

上进是一种积极的人生态度，能激发一往无前的勇气和争创一流的精神，但是不要误会了上进。人要上进，要争，但是争也要讲求方法，不能互不相让而把原本积极的态度演变为恶性的争斗。

激烈的纷争最后会招来兵器的戮杀，就会有违孝道，这就是《孝经·纪孝行》说的“在丑而争则兵”。人们应该“在丑不争”，“丑”在这里不是指难看、丑陋，而是指“类”、“众”，也就是说处于众人当中，要注意与别人和睦相处而不要纷争。《礼记·曲礼上》中也说：“凡为人子之礼：冬温而夏清，昏定而晨省，在丑夷不争。”——大凡为人子女的规矩是：冬天要留意父母亲穿着和居处是否温暖；夏天，要考虑父母是否感到凉爽。每晚睡前要向父母亲问安；早上起床，一定要先看望父母亲，请问身体是否安好。与平辈的人相处，不发生争斗。

在这个“不争”的意义上，儒道释三家是殊途同归的。孔子讲“在丑不争”，老子在五千言的《道德经》中也说：“上善若水，水善利万物而不争。”水以它特有的柔弱不争的性格，哪里低就流到哪里，随方就方，随圆就圆，无私地浇灌万物，供人们利用，抚育人和万物生长，可谓至善完美。

《道德经》中有很多地方谈到“不争”思想。最后一章的最后一句说：“天之道，利而不害；人之道，为而不争。”“不争”思想，是与“道”的“柔弱”的特性相联系的。柔弱这个词，从字面上来说似乎表现的是脆弱没有精神，但是在道家看来，柔弱内含的是生命存在和延续的精神实质。自然界的各种生物，因为有生命才能表现出各自不同的柔性，人生则更是如此，没有了生命的人和物表现出的则是刚强的僵硬。不仅如此，道家还认为柔弱内含着积极的人生哲理，主张一切行为都不要太刚强，刚者容易先受摧折，强者容易先受到屈折。修道就应是以静待动，守柔弱而不妄动，从而开阔自我容让的胸怀。

由于道是柔弱的，因而道也是谦下而不争的。当然道的不争，并非一种消极逃避、百事退让。因为《道德经》还称“以其不争，故天下莫能与之争”；“天之道，不争而善胜”。由此可见，《道德经》中所说的“不争”，是一种“善胜”的“争”，是“天下莫能与之争”的符合天道之“争”。

《红楼梦》中贾宝玉说：“女儿是水做的骨肉，男人是泥做的骨肉。我见了女儿，我便清爽，见了男子，便觉浊臭逼人。”男人是泥做的，所以混浊不清，如果男人也有一点水的“不争”，或许，这样也能清爽很多吧。

佛家主张心境空明，在佛家看来，竞争是为了不争，竞争是暂时的一种动力，真正做到不争而能不懈努力，即已达到看清世事、性情沉静的境界了。

不争，这看起来简简单单的两个字，却往往需要人用一生去历练。英国古代诗人兰德直到暮年才真正洞悉人生的真谛，写出了著名的《生与死》。这首朴实无华的小诗，胜过千千万万所谓的“人生格言”，得到了无数大家的拜服。李霁野、绿原、王佐良和杨绛先生等都分别把它翻译成中文，译文内容一致，只是句法各有其妙。杨先生的译文如下：

我和谁都不争，
和谁争我都不屑；
我爱大自然，
其次是艺术；
我双手烤着生命之火取暖；
火萎了，
我也准备走了。

“和谁都不争”是一种人生的高境界，只是在生活中，人人都避免不了面对竞争。如果不正确地对待“争”，事事都争强好胜，哪怕不遭来身体伤害，也会让心灵受伤。因此面对那些“不是鱼死就是网破”的“争”者，我们不妨放弃，放弃不是退缩，放弃也可能是最好的得到，至少我们可以保住身体不受伤害，可以守住内心的安宁，可以不违孝道。

所以，请不要误会了上进，在积极努力向前走的路上，多一点“不争”的豁达，如水一般做人，纯净、澄明、慈柔、谦卑，便能在喧闹中获得宁静之感，在纷扰中拥有淡泊之心。

五

不能承受之罪

——不孝之罪

第十章

紀孝行　子曰：孝子之事親也，居則致其敬，養則致其樂，病則致其憂，喪則致其哀，祭則致其嚴。五者備矣，然後能事親。事親者，居上不驕，為下不亂，在醜不爭。居上而驕則亡，為下而亂則刑，在醜而爭則兵。三者不除，雖日用三牲之養，猶為不孝也。

人有不孝者，古时不孝是“十恶不赦”的重罪，要受刑罚。《孝经》中说胁迫君主、诋毁圣人、非议孝道这三种不孝是造成天下祸乱的根源，是要被杀头的。

大乱之道

——天下祸乱根源

《孝经·五刑》说："要君者无上，非圣人者无法，非孝者无亲。此大乱之道也。"——那些要挟君主的人，眼中没有君主；那些诋毁圣人的人，眼中没有法度；那些诽谤孝行的人，眼中没有父母。而这三种人就是天下祸乱的根源。

要挟君主为大乱之道，为了满足一己私欲而要挟君主就更是祸乱的根源了，比如历史上臭名昭著的董卓。董卓一生粗暴，满怀私欲和野心。他从陇西发迹到率军进京操纵中央政权，始终考虑和盘算的是如何满足私欲和野心。为了达到目的，董卓不择手段玩弄权术，践踏法律，残害人民。他甚至挟持献帝迁都长安，临行前把洛阳的金银宝器、文物图书强行劫走，并焚烧宫庙、官府和民宅，还胁迫洛阳几百万居民一起西行，致使洛阳周围"二百里内无复孑遗"，室屋荡尽，荒芜凋敝，无复人烟。第二年，董卓又授意朝廷封他为太师，地位在诸侯王之上，车服仪饰就跟天子一样。他还拔擢亲信，广树党羽，宗族内外，并居列位，子孙中的小屁孩都有官爵，男皆封侯，女为邑君，又筑坞于郿（今陕西眉县东渭水北），号"万岁坞"，囤积了三十年的粮食用以自守。

多行不义必自毙。董卓的倒行逆施终于激起了广大人民的愤怒与反抗。董卓最终被吕布等人所杀，并株连三族。据说董卓死后，被暴尸东市，守尸吏把点燃的捻子插入董卓的肚脐眼中，点起天灯。因为董卓肥胖脂厚，竟烧了几天几夜才烧完。

历史上，项羽、曹操等人也有过胁迫君主的举动，他们也因为这样的行为而有损英雄的美名。

汉王元年(前206)冬十月，沛公刘邦入咸阳。两个月后，项羽在巨鹿大破秦军主力，拥兵四十万继刘邦后入关。

项羽因为晚于刘邦入关，所以派人去请求楚怀王改变之前“先入定关中者王之”的约定，怀王不答应。项羽原本就对楚怀王不肯派他与刘邦同时入关有所怨恨，这时更加生气。入关后的项羽自称是西楚霸王，各路起义军首领都被他封王了，他还假装尊楚怀王为义帝，“实则不用其命”，并把义帝的都城彭城据为已有，找借口让义帝迁都于长沙郡郴县。郴县地处五岭北麓，古为南蛮百越之地，战国初期，仍处于氏族社会，楚人称其为“林”，就是指长满青蒿的地方。后来形成一定规模的城邑，才改称为“郴”。郴城怎比得上彭城繁华，义帝自然不肯去。项羽又怎么愿意和义帝共居一城，因此派遣将士强迫义帝搬走。义帝无奈地离开，可左右群臣依恋故乡，怨声载道，慢慢吞吞，不肯速迁。项羽大怒，暗令义帝途经之地的三王，即九江王英布、衡山王吴芮、临江王共敖将义帝击杀于途中。

楚怀王熊心是楚国王室的后裔，他虽然是项羽的叔叔项梁起事的时候立的一个傀儡，目的是为了招引天下英雄反抗暴秦，可他毕竟是帝王。当项羽杀了怀王后，汉王刘邦以此为借口，讨伐项羽，得到各路诸侯的响应，共得各路大军五十六万，杀奔彭城，揭开了三年楚汉之争的序幕，并最终以项羽兵败画上句号。

项羽本是力能扛鼎、气压万夫的一代英雄豪杰，可是因为迫杀了君主，最后闹得群起而攻之，这就是项羽的悲哀。相比之下，曹操胁迫君主的举动似乎是成功的。早在初平三年（192），曹操的谋士毛玠就向曹操提出了“奉天子以令不臣，修耕植以畜军资”的战略性建议，曹操觉得很有道理。建安元年（196）八月，曹操到洛阳朝见献帝，随即挟持汉帝迁都许县（今河南许昌东）。汉献帝算是个倒霉蛋，先是被董卓劫持，后来逃出长安，却又落到曹操手中。曹操从此取得了“挟天子以令诸侯”的优势。这是曹操政治上的一大成功，可这也是他人生的一个败笔，他以此为转折最终赢得了天下，却也失掉了英雄的美名。

不管是对现实的不满，还是个人不得志的牢骚，都应该有一个合理的宣泄渠道，寻求合法的解决方法，否则，就会造成祸乱。要挟君主要不得，诋毁圣人同样是大乱之道。从古到今，历朝历代，人们都遵守圣人之教——“取前代圣人之言，以为是非之标准也”。所以，尽管朝代更替，但人们的道德观念没有变，是非忠奸的标准没有变，思维方式没有变。

圣人之教的精神内核主要在仁，而孝道与仁相辅相成，“首孝悌，次谨信，泛爱众，以亲仁，有余力，则学文”。遵圣人之教，于是才出现了像范仲淹那样死后儿女却无钱将其安葬的廉吏，也出现了像文天祥那样有着凛然正气的官员。假如诋毁圣人，不顾传统的道德标准，人就会目无礼法，肆无忌惮，为所欲为。

道德的根基是不能动摇的，否则孝德远去，人会变得自私自利，毫无爱敬之心。在家中不孝敬父母，在外面也没有爱敬之心，为了一丁点儿利益，就有可能不择手段，甚至会以身试法。那么，那将是多么可怕的一件事！

非议孝者目无亲

—— 闭上诽谤的嘴巴

造成天下祸乱的根源，除了胁迫君主、诋毁圣人，还有诽谤孝道。《孝经·五刑》说“非孝者无亲”—— 一个人若是非议孝道，那这个人就是“无亲”，他眼中根本就没有父母，就是不孝。历史上许多人因为非议孝道而遭到不幸。

汉末“建安七子”之一的孔融，在儒学、文学上都有相当成就，备受世人尊崇，孔融让梨的故事更是家喻户晓。后来孔融被曹操所杀，曹操给他定的罪名就是不孝，因为他曾非议孝道。

孔融本是一个聪明的人，还是在十岁那年，他随父亲到达京城洛阳。当时，著名的士大夫李膺也在京城。孔融想看看李膺是个什么样的人，就登门拜访。如果不是名士或李膺的亲戚，守门的人一般是不通报的。孔融便对守门人说：“我是李膺的亲戚。”守门人通报后，李膺接见了他，一看，这不是一个黄毛小孩嘛，哪里是我的什么亲戚？好奇的李膺就问孔融说：“请问你和我有什么亲戚关系呢？”孔融回答道：“从前我的祖先孔子和你家的祖先老子有师资之尊，因此，我和你也是世交呀！”老子，姓李，名聃，孔子曾向老子请教过关于周礼的问题。孔融和李膺，一个姓孔，一个姓李，如此说来，确实也算是世交。当时很多宾客都在场，对孔融的回答十分惊奇。中大夫陈寔因事耽搁，比其他宾客晚到李膺府第，大家见他来了，就把这件事情告诉他。谁知道陈寔却不以为然地说："小时了了，大未必佳。"——小时候聪明，长大后就不一定聪明了。孔融立即反驳道："想君小时，必当了了。"——那么你小时候一定很聪明吧，言外之意就是取笑陈寔现在不够聪明。陈寔被他一驳，羞得满脸通红，半天也说不出话来。

聪明虽好，可太过聪明又不懂低调行事，就会出事。因为一般来说，聪明人大多会有自视过高、瞧不起他人的弱点，尤其是听不进相反的意见。如果不能战胜这个弱点，聪明就可能成为一把自伤的利剑。孔融就是这么一个聪明而且从不掩饰他的聪明的人。

孔融的言行举止总是狂放不羁、不守礼法。这一方面说明他刚直耿介，另一方面也可以说他是恃才傲物。为此，他经常惹得曹操心中不快。

太尉杨彪因与袁术有姻亲，曹操打算杀他。孔融闻知，力劝曹操不要滥杀无辜，以免失去天下人心，并声称："如杀杨彪，我当辞归。"由于孔融的据理争辩，杨彪才免于一死。

曹操攻下邺城后，曹丕娶袁绍儿媳甄氏为妻，孔融知道后写信给曹操说："武王伐纣，以妲己赐周公。"曹操就问此事出何经典，孔融却慢悠悠地回答："以今度之，想当然耳。"——啊，是我想出来的。我分析武王英明仁厚必不忍心杀死美人，把妲己赐给兄弟，正可满足怜香惜玉之心和顾念同胞亲情之意，岂不是两全其美吗？曹操这才明白孔融在嘲笑他们父子，心中暗暗怀恨。

当时因为连年征战，百姓流离失所，田地大都荒芜，人民生活没有保障。又加上灾荒，军粮十分短缺，曹操为节约粮食，下令禁酒，因为酒是由粮食做的。但孔融极爱饮酒，就给曹操写了一封亲笔信，专讲饮酒的好处，并极力反对禁酒。曹操没有搭理他。孔融一看自己的建议如石沉大海没有音信，又写了一封："天有酒旗之星，地列酒泉之郡，人有旨酒之德，故尧不饮千钟，无以成其圣。且桀纣以色亡国，今令不禁婚姻也。”他的意思是说：天上有颗酒旗星，地下有个酒泉郡，人有海量称酒德，帝尧“千钟”称圣人。而且夏桀和商纣王是因为女色亡的国，那你怎么不把婚姻也禁止算了。曹操很生气，但是又不能把孔融怎么样。御史大夫郗虑上奏朝廷，依法免去孔融的官。可孔融却满不在乎，“虽居家失势，而宾客日满其门，爱才乐酒”。那边禁酒，这边他被处罚还天天聚众饮酒作乐。这不成心和曹操过不去吗？

针对曹操“奉天子以从诸侯”之策，孔融却上奏“尊崇天子，扩大君权，削弱诸侯权势”。要曹操还政于汉献帝！

对于孔融的一再与自己作梗，曹操早就心怀嫉恨，只因当时北方形势还不稳定，而孔融的名声又太大，不便对他怎样。到了建安十三年，北方局面已定，曹操在着手实施他的统一大业的前夕，为了排除内部干扰，开始对孔融下手了，而致命的罪状就是不孝，因为孔融曾说：“父之于子，当有何亲？论其本意，实为情欲发耳。子之于母，亦复奚为？譬如物寄瓶中，出则离矣。”看来他认为子女只是父母情欲的产物，本无什么亲情可讲。这种离经叛道的言论，谁能想到竟然出自他这位孔圣人的子孙之口呢？

其实孔融不是一个不孝之人，《三字经》中有“融四岁，能让梨”的说法，四岁时他就懂得礼让兄长、亲爱家人，足见他的孝心。而且他劝曹操还政于汉献帝，正是受孝道观念的影响，因为“要君者无上”，可是只因为他那句诋毁孝道的话，就招来杀身之祸，而且全家人也跟着他失掉了性命。这确实有些冤，但祸从口出，病从口入，他那句话哪怕是别人断章取义而陷他于不义，他也不得不为自己诽谤孝道的话付出生命的代价。

践行孝道，就要尊重孝道，闭上诽谤的嘴巴，多一点赞赏，多一点支持，人生的道路就会越走越宽。送人玫瑰，手有余香。

不孝者弃市

——可知，可知是要杀头的

清官难断家务事。很多人以为，孝与不孝是自家事，与他人无关。可是，在古代孝顺者受嘉奖，不孝者被惩处，出土的汉墓竹简中就有“不孝者弃市”的规定。要知道，不孝顺可是要被杀头的。

还是在先秦时期，在鼓励孝的同时，就已经开始谴责不孝的行为，只不过那个时候不孝还没有作为罪状。到了秦朝，不孝正式写进法律文书中，并处以重罪。秦律有“殴大父母(祖父母)，黥为城旦舂”、“今殴高大父母(曾祖父母)，可(何)论？比大父母”的说法，这是中国古代正式承认不孝是罪状的证据之一。根据《史记》记载，赵高假传秦二世胡亥诏书，赐死秦始皇的长子扶苏时，所用的理由便是说扶苏为人子不孝。可见，在秦朝，不孝是重罪，可定死刑。

到了汉代，以不忠不孝而获死罪被杀头的，首先在王室内部开始，刘爽正是这个倒霉蛋。刘爽是西汉衡山王刘赐的长子、汉高祖刘邦的曾孙。刘赐本来先立刘爽为太子，后来又因为家庭矛盾，他上书汉武帝，要求废除太子刘爽，立次子刘孝为太子。刘爽听说后，心里很是气不过，他秘密找到死党，到京城找汉武帝反告刘赐和刘孝，说他们密谋造反，最后弄得刘赐和刘孝一个刎颈自杀，一个被杀头。事情发展到这里，刘爽的命运又何去何从呢？告密有功，怎么也得捞个封赏什么的吧？可是汉武帝想要灭衡山国，就必须要把刘爽也杀掉，但是杀刘爽似乎真的找不到理由。谋反一事，不仅与刘爽无关，算起来他还算是告发阴谋的功臣。问题就出在这里！告发自己的父亲，那就是不孝，汉武帝最后找到了这个借口，说："太子爽坐告王父，不孝，弃市。"刘爽因为不孝顺父亲，被判决杀头。

不孝可以被当作莫须有的罪名来使用。不孝是重罪，这也就是历史上有人喜欢以不孝的罪名诬陷自己对手的原因。在古代，想要打击某个人，给他扣一顶"不孝"的大帽子，比罗织别的罪名要来得干脆得多，如魏晋的嵇康就曾被定为不孝之罪而致身首异处。

魏晋时期，曹魏、司马两个政权推行的都是血腥味十足的极权统治。统治者用强硬的手段御下，制造党锢之祸来对付士人。哪里有压迫，哪里就有反抗，只不过有些反抗是激烈的，有些反抗则是以柔制刚。魏晋的士人们就是用喝酒、佯狂等手段与当权者作斗争，于是有了风韵脱俗、才情过人的"竹林七贤"，也就是嵇康、阮籍、山涛、向秀、刘伶、王戎及阮咸七人。他们饮酒时衣服不穿、帽也不戴，居丧时不一定按例哭泣，直呼长辈姓名，儿子都会叫父亲的名号……旧时传下来的礼教，竹林名士是不承认的。

"竹林七贤"洒脱不羁的风度让后人景仰，但他们也常常因此遭祸。风流潇洒的阮籍就曾因自己的不守礼法而被治罪。阮籍的母亲去世，守丧之时阮籍却依然喝酒吃肉。何曾向晋文帝司马昭打小报告说："公方以孝治天下，而听阮籍以重哀饮酒食肉于公座，宜摈四裔，无令污染华夏。"幸好当时司马昭气度恢弘，认为阮籍虽然不守礼法，但是能"口不臧否人物"，只不过是"酣饮为常"而已。事实上，阮籍是一个"性至孝"的人，他在守丧时虽然不拘常礼，但是内心十分悲痛，以致"毁几灭性"。

还好，只是虚惊一场。

与阮籍同为“竹林七贤”的嵇康却没有这么幸运了。嵇康也是一个狂放任性、不屑礼法、鄙视权贵的人。为人所熟知的是嵇康通晓音律，尤爱弹琴，以弹奏《广陵散》而闻名于世。这首声调绝伦、已成绝响的曲目，据说除嵇康之外，无人会弹。金庸的武侠小说《笑傲江湖》里有一首《笑傲江湖曲》，曲子的主体，正是来自《广陵散》。金庸在书中说嵇康死后，《广陵散》成绝响，但日月教的曲洋不信这个邪，他挖坟掘墓，最后终于觅到了《广陵散》的曲谱，这才和衡山刘正风以数年之功合创成就了《笑傲江湖曲》。当然金庸这是写故事，并非史实。但是《笑傲江湖曲》豁达坦然又豪气纵生，正与嵇康的性任侠、轻生死、蔑视权贵、酷爱自由的性格相合，金庸让《笑傲江湖曲》改编自《广陵散》，其中深意，大概在此！

让《广陵散》成绝响的嵇康曾娶曹操曾孙女，他既是魏室姻亲，自然不愿与司马昭合作，更由于得罪了权贵钟会，于是便被罗织进吕安不孝的罪名中予以杀害。正如鲁迅所指出的嵇康被杀的原因：“嵇康的见杀，是因为他的朋友吕安不孝，连及嵇康，罪案和曹操杀孔融差不多。魏晋是以孝治天下的，不孝，故不能不杀。为什么要以孝治天下呢？因为天位从禅让，即巧取豪夺而来，若主张以忠治天下，他们的立脚点便不稳，办事便棘手，立论也难了，所以一定要以孝治天下。”

不孝是重罪，所以有些人虽然破坏礼法、放荡不羁，但却不敢触碰这个底线。如魏晋时期的胡毋辅之、谢鲲等人，虽然可以散发裸裎，甚至去调戏妇女，却没有哪一个敢去冒犯“不孝”的名声。

也许，孝顺只是道德层面的事情，可是道德也需要一种约束。有时候想想，法治虽然比较严酷，但是至少让人心生畏惧而不敢以身试法。如果因为不孝，就要受惩罚，严重者会被杀头，谁还敢触碰这个底线？

不孝罪位列十恶

——小心，小心你的一举一动

我国民间有“十恶不赦”之说，常常用来形容一个人罪大恶极、不可饶恕。在现代汉语中，这个成语中的“十恶”并非实指，而是泛指重大的罪行。但是，在我国古代，“十恶”却是实实在在有所指的。

早在一千三百年前北齐的法律中，就规定了十条重罪。隋、唐把这十条大罪的内容略加增删，正式定名为“十恶”写在法典的最前面，以示严重。以后经历宋、元、明、清各代，都规定犯了“十恶”罪不能赦免。

那么“十恶”到底指的是什么呢？

其实“十恶”原本是佛教中的一个用语，指十种会招致地狱、饿鬼和畜生这“三恶道”苦报的恶业，所以又叫作“十恶业道”。具体内容，《佛说未曾有因缘经》中说：“起罪之由，为身、口、意。身业不善：杀、盗、邪淫；口业不善：妄言、两舌、恶口、绮语；意业不善：嫉妒、嗔恚、憍慢邪见。是为十恶，受恶罪报。今当一心忏悔。”

北齐河清三年，尚书令、赵郡王等奏上《齐律》十二篇，“列重罪十条：一曰反逆，二曰大逆，三曰叛，四曰降，五曰恶逆，六曰不道，七曰不敬，八曰不孝，九曰不义，十曰内乱。其犯此十者，不在八议论赎之限”。这样就有了十条重罪的说法。

到了隋开皇初年，随着佛教的兴盛，封建统治者遂将佛教之中的“十恶”之名引入律法，用“十恶”代替了《齐律》中的“重罪十条”，“十恶”之罪名从此正式出现。《开皇律》又置十恶之条：“一曰谋反，二曰谋大逆，三曰谋叛，四曰恶逆，五曰不道，六曰大不敬，七曰不孝，八曰不睦，九曰不义，十曰内乱。犯十恶及故杀人狱成者，虽会赦犹除名。”由于“十恶”之罪直接危害了封建专制制度的核心——君权、父权、神权和夫权，所以从确立之日起，历代封建法典都把“十恶”作为不赦之重罪。因此，在民间有了“十恶不赦”之说。

回头看一看，当重罪十条首次出现在北朝北齐时，不孝罪就位列其中。从此之后，不孝作为罪名，一直都是列在“十恶”之一的，直到清朝灭亡。

不孝是一种严重的罪状，《孝经·五刑》就说：“五刑之属三千，而罪莫大于不孝。”这里说的五刑是指古代五种制裁罪犯的刑罚，即墨、劓、剕、宫、辟。墨是指在脸上刺字涂矾，使字变黑，永远无法去除，让人一生都羞愧；劓是割鼻子；剕刑，又称刖刑，指割断足脚；宫，破坏人的生殖能力；辟是死刑。

这五种刑罚，它所属有三千条罪名，而这三千条罪名中，没有比不孝更严重的罪行了。不孝是所有罪状中最为严重的，因不孝之罪而获死刑的案例，在我国历史上有许多起，唐代的李惟岳被缢就是其中之一。

李惟岳的父亲李宝臣，原名张忠志，原本是安禄山的部将，安史之乱平定后归顺了唐朝廷，被任命为成德军节度使，赐名为李宝臣。成德军拥有河北七州之地，号称富庶，李宝臣拥兵十万，不听朝命，图谋割据。李宝臣死后，军中拥立李惟岳为留后，上表请求朝廷任命，但未得批准，魏博节度使田悦也上表章保荐，朝廷仍然不准许。李惟岳很生气，便和田悦、平卢节度使李正己密谋造反。判官邵真哭着劝谏，李惟岳一开始听取了邵真的意见，后来受到奸吏胡震和家人王他奴等人唆使，最终选择了叛乱。胳膊拧不过大腿，叛乱最后被朝廷镇压。

唐德宗在镇压了李惟岳等人的叛乱之后，发布了一个诏书，这个诏书中有一句话很值得注意："缞绖之中，擅掌戎务……不孝不忠。"意思就是说，李惟岳在服丧期间，就迫不及待地向朝廷求官。按照规定，有父母之丧，要回原籍服丧三年，之后才能够恢复原来的官职，或者重新委派别的职务。如果在服丧期间任职，就是不孝，属于重罪，仅凭这一条，就足以判处李惟岳死刑，更别说还有谋反一事。所以李惟岳被缢死于辕门之外，诛杀王他奴等二十余人，传首京师。

不孝位列十恶，不仅礼法不容，也是天理难容的，所以会遭天谴，因此也就有了雷劈不孝子的故事。南宋洪迈的《夷坚志》中就有这样一则故事：有个叫熊二的人，他的父亲叫熊明。熊明年老体弱不能谋生，妻子也在早年就死了，他把所有的希望寄托在儿子熊二身上。可是熊二看到父亲就如同陌路人一般，熊明不得不乞讨为生。熊明多次去找儿子，希望儿子收留自己，可都被熊二赶出家门。老父亲满腹辛酸，却又不忍心状告儿子，只能夜里烧香祈求儿子回心转意。可日复一日，年复一年，熊二一点改过的意思都没有。终于有一天，雷电交加，暴雨突至，出外赌博的熊二被雷劈死在了半路上，背上有四个猩红大字"不孝之子"，让人触目惊心。

历史上最出名的被雷劈死的不孝子应该算是戏曲《清风亭》中的张继保。戏曲说薛荣的妻妾不和，小老婆周氏生下一个儿子，竟被迫抛在荒郊。被抛弃的孩子被以打草鞋为生的老人张元秀夫妻拾得，取名张继保，抚育成人。十三年后，张继保在清风亭被生母周氏带走。张元秀夫妻思儿成疾，每日到清风亭盼子归来。张继保得中状元，路过清风亭休息。张老夫妻前往相认，但张继保忘恩负义，不肯相认，把老夫妻当成乞丐，只给他们二百钱。老婆婆悲愤至极，把铜钱打在他脸上，夫妻相继碰死在亭前，张继保也被暴雷劈死。此剧又名《天雷报》、《雷殛张继保》。

善有善报，恶有恶报。也许这只是故事，但是不孝却又实实在在是一种恶行，哪怕没有法律制裁，没有上天惩罚，但是若有一丝良知的人应该都逃不过良心的谴责。

六

生命的意义

——孝之始终

十五章

諫諍　曾子曰若夫慈愛恭敬安親揚名則聞命矣敢問子從父之令可謂孝乎子曰是何言與是何言與昔者天子有爭臣七人雖無道不失其天下諸侯有爭臣五人雖無道不失其國大夫有爭臣三人雖無道不失其家士有爭友則身不離於令名父有諍子則身不陷於不義故當不義則子不可以不爭於父

中国人讲究善始善终，孝也有终始之说。孝以自重自爱为基点，始于奉养父母，中于建功立业，终于立身行道扬名后世。很多人说忙，来不及尽孝，可忙碌只是借口。为人子女的，只要站在自己的角色上，尽其应尽的责任，为国为民也好，珍爱自身也罢，都算尽了孝道。至于奉养父母，只要心存孝义，就没有做不到的孝。

身体发肤，不敢毁伤

——孝之始：敬畏生命

在古代，自杀是被视作违反孝道、背叛人伦的行为的，那个时候的人们不仅不能随意处置自己的身体，相反，是要加倍爱惜的。

《孝经·开宗明义》就说："身体发肤，受之父母，不敢毁伤，孝之始也。"人的身躯、四肢、毛发和皮肤，都是父母给予的，作为孝子就千万不敢使它们受到伤害和毁坏，这是孝道最基本的要求，是孝道的起点。

孝道的起点是要爱惜身体，敬畏生命。大孝子曾子就是这样，他一生谨慎小心，避免损伤身体，以对父母尽孝。《论语·泰伯》记载：曾子有疾，召门弟子曰："启予足！启予手！诗云：'战战兢兢，如临深渊，如履薄冰。'而今而后，吾知免夫，小子！"这是说曾子病得很严重，他把学生召集到身边来，说道："看看我的脚！看看我的手！看看有没有损伤？《诗经》上说：'小心谨慎呀，好像站在深渊旁边，好像踩在薄冰上面。'从今以后，我知道我的身体是不再会受到损伤了，弟子们！"曾子在临死前要他的学生们看看自己的手脚，确定自己的身体完整无损，以表明自己一生遵守孝道。

孝，就要自重自爱，不让自身受到伤害！然而人生几十年，说长不长，说短不短，总会遭受到一些有意或无意、自为或他为，或自然而为地对身体发肤的损伤，那么这些损伤都要算作不孝吗？如此的话，世上恐怕就要有许多“冤案”了吧。西汉经学家孔安国，他说只有那些因为受到刑罚而导致的身体损伤才算是毁伤，才是不孝。因此，防止身体受损伤，最重要的在于自重自爱，不受刑罚。古代的肉刑很多，如斩、磔、焚、裂、醢、宫、刖等等。

如此残忍的刑罚，其实目的非常简单：一是摧残受罚者的肉体以示警戒；二是造成一段时间内或永久性的耻辱标志，从精神上打击、惩罚受刑的人。对于“身体发肤，受之父母，不敢毁伤”的古人来说，受任何一种肉刑，都是对父母的不孝，都是奇耻大辱。汉代司马迁就因为遭受腐刑，痛苦终身。

元封三年（前108），司马迁三十八岁时，正式做了太史令，有机会阅览汉朝宫廷所藏的一切图书、档案以及各种史料，他一边整理史料，一边参加改历。等到太初元年（前104），中国第一部历书《太初历》完成，他就动手编写《史记》。

天汉二年（前99），汉武帝派李广利带兵三万，攻打匈奴。这次打了个大败仗，几乎全军覆没，李广利逃了回来。当时，李陵担任骑都尉，带着五千名步兵跟匈奴作战。单于亲自率领三万骑兵把李陵的步兵团团围住。但是李陵的箭法十分好，兵士也十分勇敢，五千步兵杀了近万名匈奴骑兵。单于调拨更多的兵力，然而仍然无力与李陵抗衡。就在单于准备退军之时，李陵手下的一名军官叛变了，他向单于告发了李陵的内部军情，说李陵后面没有救兵。更可恶的是，他还教单于的部下制作连发连射的弓箭。单于继续与李陵作战，最后李陵寡不敌众，只剩了四百多汉兵突围出来。李陵被匈奴逮住，投降了。

大臣们都谴责李陵不该贪生怕死，向匈奴投降。汉武帝问太史令司马迁，想听听他的意见。司马迁说：“李陵带去的步兵不满五千，他深入到敌人的腹地，打击了几万敌人。他虽然打了败仗，可是杀了这么多的敌人，也可以向天下人交代了。而且他的投降应该只是权宜之计，他一定还想将功赎罪来报答皇上。”

汉武帝认为司马迁是为李陵辩护，是有意贬低李广利。想那李广利是谁呀？他可是汉武帝宠妃的哥哥，自古以来男人宠爱女人都是连带着对女人的家属格外开恩的，皇帝也不例外，于是才出现了许多外戚专权的局面。汉武帝勃然大怒，说：“你这样替投降敌人的人强辩，不是存心反对朝廷吗？”于是把司马迁下了大狱。

司马迁被关进监狱以后，案子落到了当时名声很臭的酷吏杜周手中。杜周严刑审讯司马迁，司马迁忍受了各种肉体和精神上的残酷折磨。不久，有传闻说李陵替匈奴训练军队，汉武帝信以为真，便杀了李陵全家，司马迁也因此事被判了死刑。司马迁为了完成《史记》，主动请求以腐刑代替死刑。

司马迁活下来了，可受腐刑却是个奇耻大辱，愧对父母，污及先人。或许，死比活着更容易些，至少不用再承受精神上的凌辱，但司马迁说：“人固有一死，或重于泰山，或轻于鸿毛。”为了《史记》，他忍辱负重。

《史记》完成了，司马迁却销声匿迹。他生时备受痛苦煎熬，最后连死亡也成了不解之谜。“身体发肤，受之父母，不敢毁伤”，读圣贤书的司马迁不会不懂这孝道的最基本原则，可是他竟受了刑罚，他只能自己默默地走开，独自去舔舐那颗受伤的心。

也许在现代社会，爱惜身体发肤的细节已经不合时宜了，但是传达的精神却永远不会过时。怀着爱惜自身的决心，我们就不会随便“挥霍”身体透支生命，更不会去做违法乱纪的事，不会让父母伤心，不会给祖上蒙羞。

生命只有一次，不轻易伤害自己，不轻言放弃。

爱惜自己，敬畏生命！

孝事父母，敬忠事君

—— 孝之中：实现生命的价值

社会就像一张网，每个人都是网上的一个结点。要实现生命的价值，就不得不把自己放到社会的大环境中。我们每一个人都应该扮演好自己的角色，为社会为人类付出心力，实现生命的价值。

《孝经·开宗明义》说："夫孝，始于事亲，中于事君。"——孝，最初是从侍奉父母开始的，然后忠诚事君，以体现自己具有的孝道。在古代，君即是国，忠诚事君，也就相当于为国效力。

中国古代有所成就的人大都有忧国忧民的济世情怀，随意一想，总会有许多名字在脑海中盘旋，如唐代的杜甫，宋代的欧阳修、范仲淹、苏轼、辛弃疾等。南北朝时期北魏的辛雄也是这样。

辛雄从小孝顺父母，父亡，他伤心过度，悲伤憔悴，形销骨立，以至于别人几乎认不出他来。辛雄当官后，正直用心，谙熟政事。在赴关西慰劳大使任时，他上书请求准许五件事：一是免除所有以往亏欠太久的租调；二是可以罢免对农事有影响的徭役；三是征收税收可区别对待，有钱多收，无钱少收；四是因兴兵死亡者，家有老人，可赋闲职（即国家养老），这样使生者快乐，死者安心；五是因国家动乱已久，民众礼仪弛废，若州郡中有闺门和睦相处或弟子孝悌突出，可由政府表彰。

这一桩桩一件件，都是从孝道出发，既是为了社会百姓的利益考虑，也是为了国家的长治久安着想。庄帝对这些意见都听取了，并特地下诏：如果有人年纪达到七十岁，授予县级品阶待遇；如果达到八十岁，授予郡级品阶待遇；如果有九十岁的，再加四品将军的爵位；一百岁的加从三品将军的爵位。

孝，就要从珍爱自身开始，用心奉养父母，敬忠事君，建功立业。可是在建功立业的路途上，难免会碰到艰难，所谓“功名只向马上取”，所谓“古来征战几人回”，这是用生命在做代价。还有一些人，虽然不上战场，只在官场，却也有可能面临危险。如此一来，珍爱生命的孝道和建功立业的孝道似乎就出现了冲突。

敬忠事君、为国效力、造福百姓，这是仁义之事，都是孝，但是若有阻碍，有了生命之忧，如何是好？有一次，孔子的弟子就向孔子请教说：“先生，您讲的仁德、忠义都是极好的。人人相爱，以仁义待人，确实是一种美德。仁德我很想得到，但活在世界上也是我的欲望。假如仁德与生命两者发生了冲突，该怎样处理呢？”

孔子严肃地回答说：“志士仁人，无求生以害仁，有杀身以成仁。”——这还有什么可犹豫的呢?凡是真正的志士仁人，都不会因为贪生怕死而损害仁义，为了成全仁德，可以不顾自己的生命。

所谓“杀身成仁”，所谓“舍生取义”，不仅不与珍爱生命相冲突，相反，也正是一种生命价值的体现。

颜真卿是人们所熟悉的唐代书法家，但世代推崇的是颜真卿的书法，却不知他在起伏的政治生涯中所做出的努力，更让人尊敬。他为官的时候清正廉洁，关心民众疾苦，注重农业生产，热心公益事业。他活着的时候光明磊落，他的死也轰轰烈烈。

唐德宗建中三年(782)，唐德宗想改变藩镇专权的局面，却引发了藩镇叛乱。其中淮西节度使李希烈兵势最强，他自称天下都元帅，向朝廷进攻，朝野大为震惊。唐德宗找宰相卢杞商量，卢杞一直对颜真卿的才略和耿直嫉恨在心，想要借机铲除颜真卿，于是说：“不要紧。只要派一位德高望重的大臣去劝导他们，不用动一刀一枪，就能把叛乱平息下来。”

卢杞推荐了颜真卿。这时候，颜真卿已经是七十开外的老人了。文武官员听说朝廷派他到藩镇去作劝导，都为他的安全担心。但是，颜真卿却不在乎，为了国家大义，他果断地做出“舍生”的选择，只带了几个随从就赶往淮西。

李希烈听到颜真卿来了，想给他一个下马威。在见面的时候，他叫他的部将和养子一千多人都聚集在厅堂内外。颜真卿刚刚开始劝说李希烈停止叛乱，那些部将、养子就冲了上来，个个手里拿着明晃晃的尖刀，围住颜真卿又是谩骂，又是威胁。但颜真卿却面不改色，朝着他们冷笑。

李希烈于是命令众人退下，接着，把颜真卿送到驿馆里，企图慢慢软化他。面对利益诱惑，颜真卿并不动心。

李希烈拿颜真卿没办法，只好把他关起来，派士兵监视着。士兵们在院子里掘了一个一丈见方的土坑，扬言要把颜真卿活埋在坑里。第二天，李希烈来看他，颜真卿对李希烈说：“我的死活已经定了，何必玩弄这些花招。你把我一刀砍了，岂不痛快！”

后来李希烈自称楚帝，又派部将逼颜真卿投降。李希烈想尽办法，始终没能使颜真卿屈服，就派人把他缢杀。颜真卿终年七十七岁。

中国有“达则兼济天下，穷则独善其身”的社会期望，或许，这正是我们的社会生命的意义所在。珍爱自身，在家好好侍奉父母，在社会上尽心做好自己的本职工作，爱敬世间所有的父母，为天下的父母做一份贡献。如果人人都能如此，就会在社会上形成一个多方交织的亲情网，这样一来，社会也就真正和谐了。

立身行道，扬名后世

——孝之终：让生命之光永恒

人，作为一个完整的生命，除了血缘生命和社会生命之外，还必须具备精神生命。传统儒家一向十分重视追求精神生命的不朽，比如立德、立功、立言的“三不朽”说。《孝经》中提出“立身”层次的孝道规范，要求重视生前死后的名声，就是启示人们从精神上追求生命的永恒。

《孝经·开宗明义》说：“立身行道，扬名于后世，以显父母，孝之终也。”——人生在世，要遵循仁义道德，在事业上有所建树，显扬美好的声名于后世，从而使父母祖上显赫荣耀，这就是孝的终极目的。《孝经·广扬名》还提出：“行成于内，而名立于后世。”也是说要留美名于后世以实现精神生命的不朽。

事实上，我们的先辈不仅是这么说的，更是这么做的。历史上有无数先人大孝大爱，他们追求精神的永恒，他们的生命之光直到现在还闪耀着光辉。南宋的文天祥就是这样一个大孝大爱、精神永恒的人。

文天祥在童年时，就很仰慕英雄人物。他以欧阳修、胡铨等人为自己的偶像，这些忠烈之士都是吉州人，是本乡本土的英雄。文天祥暗暗地立下誓言：我一定要以他们为榜样，如果我死后不能和他们一样受人尊敬，就枉为大丈夫！

宝祐四年(1256)考中状元后，文天祥开始了官场生涯。因为触怒权贵，他一度被降职、免职，但是文天祥并没有随着宦海沉浮而改变自己的人生志向。为官期间他一直主张对人民少用刑罚，多讲义理，深受人民爱戴，被免职后，也依然牵挂时局，忧国忧民。

后来，朝廷又重新任用文天祥。可是不久就遭逢蒙古军大举南侵，南宋到了最危险的时刻，文天祥踏上了戎马征途。文天祥打了不少胜仗，可是由于朝廷不力，加上小人作梗，文天祥最后兵败被俘。

虽被俘，文天祥却一直不屈不服。从至元十六年(1279)十月被俘至大都到至元十九年(1282)十二月被杀，文天祥一共被囚禁了三年又两个月。在这段时间里，元朝朝廷开出各种优厚的条件对文天祥进行劝降，甚至连忽必烈大汗都亲自来了，可是都没有劝动文天祥投降。

元朝统治者一看利诱行不通，就变换手法，用酷刑折磨文天祥，使尽各种手段逼迫他。文天祥过着地狱一般的生活，可他坚决不低头。元朝廷威胁他说："你要死，偏不让你死，就是要监禁你！"文天祥毫不示弱："我连死都不怕，还怕什么监禁！"

贫贱不能移，威武不能屈！一千多个日子过去了，终于，元朝放弃了，他们决定处死文天祥。文天祥神态自若地走向刑场，他的肉体被处决了，但是他的精神却永垂不朽。还有他那首表达志向的诗歌《过零丁洋》，和他一起名垂千古。

辛苦遭逢起一经，干戈寥落四周星。
山河破碎风飘絮，身世浮沉雨打萍。
惶恐滩头说惶恐，零丁洋里叹零丁。
人生自古谁无死？留取丹心照汗青。

诗一开头，回顾身世，表明自己久经磨炼，无论什么艰难困苦都无所畏惧。三四句接着追述战斗生涯，把个人命运和国家兴亡联系在一起。“山河破碎风飘絮，身世浮沉雨打萍。”——亡国孤臣，就像无根的浮萍，漂泊在水上，无所依附。这样的境遇本来已经很惨，再加“雨打”，更显凄苦。如此“身世浮沉”，不正是文天祥艰苦卓绝的斗争和坎坷不平的一生吗？

五六句哀恸更深：“惶恐滩头说惶恐，零丁洋里叹零丁。”——景炎二年(1277)，文天祥的军队被元兵打败后，从惶恐滩一带撤退到福建。当时前临大海，后有追兵，如何闯过那九死一生的险境是他最惶恐不安的事情。而今军队溃败，身为俘虏，被押送过零丁洋，怎能不感到孤苦伶仃？昨日的“惶恐”，今日的“零丁”，家国之恨、艰危之境、哀怨之情汇聚为高潮。

可是，文天祥没有悲戚痛哭，他坚定地写下宁死不屈的壮烈誓词。“丹心”是指赤红炽热的心，一般以“碧血丹心”来形容为国尽忠的人。“汗青”是指历史典籍。古时在纸未发明之前，要记录军国大事，便只能刻写在竹简之上。但是必须先用火把竹简中的水分蒸发出来，这样才方便刻写，并可防虫蛀，这道工序叫“杀青”，也叫“汗青”。后人据此引申，把记载历史的典籍统称为“汗青”。

“人生自古谁无死？留取丹心照汗青。”——自古以来，人哪有不死的呢？只要能留得这颗爱国忠心照耀在史册上就行了。

痛哉，快哉！

悲哉，壮哉！

文天祥身前备受人们爱戴，为了留取身后名，他宁死不屈。唯有如此，才真正铸就了他在中华史册上可昭日月的大孝，才让他得以扬名后世。

爱惜自己的身体发肤只是行孝的开始，要真正做到大孝，就要建功立业，要扬名后世。立得正、行得端，时刻爱惜自己的名节，才能不丢父母祖先的脸，才能让生命之光永恒。西方文化里有这样一句箴言“子孙为老人的冠冕”，这与“立身行道，扬名于后世，以显父母”有异曲同工之妙。

文天祥还有一首《绝命词》，原文是这样的：“孔曰成仁，孟曰取义，唯其义尽，所以仁至。读圣贤书，所学何事？而今而后，庶几无愧。”——孔子教导成仁，孟子教导取义，只要把道义做到了极点，那么所希望的仁德自然也就做到了极致。我们读圣贤之人的著作，学习的是什么？既然学会了仁义，那么从今往后，就没有什么可惭愧的了。

是呀，我们读圣贤书，学的是什么？为的是什么？《孝经·开宗明义》讲“立身行道，扬名于后世”，我们应该学习大孝，追求精神生命的永恒，达到孝的终极目标。若如此，那么也就没有什么可惭愧的了吧，生命也就能完整无憾了吧。

患不及者，未之有也

——孝无终始：别拿忙碌当借口

现代人很忙，脚步匆匆，每个人都在奋力打拼。很多人都说忙，忙得没有时间回家，没有时间照顾父母，没有时间尽孝。说这些话的时候，他们似乎觉得理直气壮，或者他们还有些委屈——累死累活地打拼，不就是为了让一家人过上好日子吗？眼下做不到孝就要承受道德压力，也太憋屈了。

可是，他们却真的错了，因为从来就没有人做不到孝，只看想不想做，去不去做。

《孝经·庶人》说："自天子至于庶人，孝无终始，而患不及者，未之有也。"——从天子到庶人，无论尊贵者还是卑贱者，也无论是作为孝道之始的事亲，还是作为孝道之终的立身，要实行都是不难的。有人担心自己可能做不到孝，那是绝对没有和不可能发生的事情。

谁都可以做到孝，自重自爱是孝，奉养父母是孝，建功立业是孝，扬名后世也是孝。只要对父母心存感恩，时刻将这种感情化为行动，就是孝。

《增广贤文》中有一则"羊羔跪乳"的故事。说的是很早以前，一只母羊生了一只小羊羔，羊妈妈非常疼爱小羊，晚上睡觉的时候让它依偎在身边，用身体暖着小羊，让小羊睡得又熟又香。白天吃草的时候，羊妈妈把小羊带在身边，形影不离。遇到别的动物欺负小羊，羊妈妈总是用头抵抗，保护小羊。有一次，羊妈妈正在喂小羊吃奶，一只母鸡走过来说："羊妈妈，近来你瘦了很多，吃的东西都让小羊吃了去。你看我，从来不管小鸡们的吃喝，全由它们自己去扑闹哩。"羊妈妈听了母鸡的话，非常生气，它毫不客气地说："你多嘴多舌搬弄是非，到头来犯下拧脖子的死罪，还得挨一刀，对你有啥好处？"母鸡无趣地走了。小羊一看，发现妈妈真的比以前瘦了，它心疼地说："妈妈，您对我这样疼爱，我怎样才能报答您的养育之恩呢？"羊妈妈说："我什么也不要你报答，只要你有这一片孝心我就心满意足了。"小羊听后，不觉泪下，"扑通"一声跪倒在地，表示难以报答慈母的一片深情。从此以后，小羊每次都是跪着吃奶，因为它知道是妈妈用奶水喂大它的，跪着吃奶是感激妈妈的哺乳之恩。

动物都知道感恩父母，尽心行孝，更何况人呢？

作为人来说，孝道是基本天性。为了感恩父母，尽心行孝，历史上留下许多感人故事，比如"哭竹生笋"的故事。故事说的是三国时期有个叫孟宗的人，他极为孝顺。有一次他母亲病了，听说用新鲜的竹笋做汤就可以医好。当时正是寒冬腊月，根本就没有鲜笋，孟宗非常希望母亲的身体好起来，可是又无计可施。满心忧愁的孟宗独自一人跑到竹林，扶竹而哭。他的哭声打动了身边的竹子，于是奇迹发生了，地上瞬间长出了许多的嫩笋。孟宗特别高兴，他小心翼翼地摘取了竹笋，欢欢喜喜回家了。回到家之后，他马上用竹笋为母亲熬好了笋汤，母亲喝了笋汤之后身体果然大有好转。

还有一则"卧冰求鲤"的故事，也是这般神奇。故事说的是琅邪人王祥，他的生母在他很小的时候就去世了，继母多次在他父亲面前说他的坏话，使他不得父爱。后来父母老了，患病了，他却并没有怨恨之心，反而衣不解带地侍候。继母想吃活鲤鱼，可那个时候天寒地冻，到哪里弄鱼去？王祥就解开衣服卧在冰上，冰忽然自行融化，跃出两条鲤鱼。王祥赶紧把鱼拿回家煮了。继母吃了鱼后很高兴，病也很快就好了。

这样的故事带有很多传说性质，可是流传下来的不仅仅是故事，而是故事中孝道的内核。

孝道影响了中国几千年，几乎每一个人都在心里向父母发过“孝”的宏愿——这辈子一定要勤奋上进、感恩父母。愿望是美好的，可恰恰是这个美好的愿望让大家陷入了误区：要行孝，就要出人头地、功成名就；要行孝，就要衣锦还乡、风光无限。于是很多人都在埋头向前，忘记了抬头看一看父母最真切的需要。其实对于父母来说，当总统的儿子和种土豆的儿子是一样的，在孝的天平上，没有高下之分。只要子女健康平安、努力进步，父母就会宽慰。

也许建功立业很难，扬名后世也很难，但是一颗孝心，却是平平常常的。行孝并不需要轰轰烈烈，很多时候在子女眼中也许是无关紧要的细节，在父母心里却可以掀起惊天波澜。一声问候、一顿晚餐、一次出游……老人家都会有极大的满足感。只要有心，每时每刻都可以传递孝心。

当然，由于学习、工作等各种原因，很多人没有办法时常陪伴在父母身旁，不能时刻侍奉父母。《论语·里仁》中说“父母在，不远游，游必有方”讲的是父母在世的时候，子女的义务是在家陪伴父母，不出远门；万一要出门，也必须要有一定的去处，避免父母牵挂、担心。现代社会“不远游”已经不太可能，但“游必有方”还是可以做到的，不管去哪里，都有一定的去处，不让父母担心，有事没事给父母打个电话，有了假期回家陪伴父母，这就是孝。

尽孝的方式有很多种，不要再说自己有多忙碌，谁都知道那只是不孝的最蹩脚的借口。

七

学会说不

——孝之抉择

十六章

感應　子曰昔者明王事父孝故事天明事母孝故事地察長幼順故上下治天地明察神明彰矣故雖天子必有尊也言有父也必有先也言有兄也宗廟致敬不忘親也脩身慎行恐辱先也宗廟致敬鬼神著矣孝悌之至通于神明光于四海無所不通詩云自西自東自南自北無思不服

我国古代有忠孝一体的美好理想，“事亲孝，故忠可移于君”。但自古忠孝难两全，有时候在尊亲与君国之间会出现二选一的难题。

忠孝并举

——忠孝一体的完美理想

怒发冲冠，凭栏处，潇潇雨歇。抬望眼，仰天长啸，壮怀激烈。三十功名尘与土，八千里路云和月。莫等闲，白了少年头，空悲切！　　靖康耻，犹未雪。臣子恨，何时灭？驾长车，踏破贺兰山缺！壮志饥餐胡虏肉，笑谈渴饮匈奴血。待从头，收拾旧山河，朝天阙！

一曲《满江红》，让岳飞的满腔忠愤，丹心碧血，倾出肺腑。

一曲《满江红》，让岳飞的凌云壮志，激励无数爱国志士。

这是一个真正的英雄！在处境危难的情况下，他坚持抗敌御辱，保家卫国。岳飞不仅武艺绝伦，勇冠三军，还身先士卒，行若明镜。官职低微时自不必说，高升为通泰镇抚使后，为掩护大队人马和百姓过江，他率领后卫死拒南灞桥头，挡住金兵唯一的去路。这场战役中岳飞身上受了十几处伤，岳家军后卫战死无数。在令金军魂飞胆寒的恶战——郾城之战时，岳飞还亲自率领铁骑突出阵前。霍坚怕有闪失，上前劝阻他说："相公为国重臣，安危所系，奈何轻敌！"岳飞回答："非尔所知！"——这不是轻敌，这是鼓舞士气！见主帅亲自冲阵，岳家军士气大振，一举击破金兵。

这个豪情万丈的英雄事母至孝。母亲病了，他“尝药进饵”，亲自侍奉；母亲去世后，他赤着脚扶棺近千里。他曾说：“若内不能恪事亲之道，外岂复有爱主之忠？”——在家里如果不能孝顺父母，在外面又怎么能够忠君报国？

岳飞多么想一直留在母亲身边尽孝，可是国家危难，匹夫有责。岳飞的母亲更是深明大义，她不要儿子在跟前尽孝，她要儿子去报效国家，于是有了岳母刺字“精忠报国”的故事。岳飞顺从母亲的意思，去尽忠了，他将孝道推广到国家与人民。他抵抗外敌、保家卫国，他爱护民众、体恤士卒。“冻死不拆屋，饿死不掳掠”是岳家军的口号，也是真实的写照。损坏庄稼，妨碍农作，买卖不公……斩！所以岳家军所到之处，民众无不欢欣围观，“举手加额，感慕至泣”。

士卒伤病，岳飞亲自抚问；士卒家庭困难，岳飞让相关机构多赠银帛，将士牺牲，厚加抚恤外，还“以子妻其女”——有个部将牺牲后留下一个孤女无人照料，岳飞便让自己的儿子娶她为妻；岳飞的妻子李氏也时常慰问将士的遗孀。

撼山易，撼岳家军难！只因岳家军是忠义之师，他们的统帅岳飞遵循孝道，并将孝扩展到国家与民众。这正是古代社会的一种完美理想——移孝为忠，忠孝一体。对于这个理想，孔子和他的弟子们一直都在作一种解释，那就是怎样将忠与孝、事君与事亲很好地结合起来。

《孝经·广扬名》就说：“君子之事亲孝，故忠可移于君。”——君子在家中侍奉父母能竭尽孝道，就能将对父母的孝心转移为侍奉国君的忠诚。

事实证明，孔子的解释是非常成功的，至少站在正统的角度来看，历代的统治者都大力提倡孝道，目的就是为了倡导忠。在那个王权社会，君就是国，忠于君就是忠于国。

移孝于忠，忠于君，忠于国，忠孝一体。岳飞做到了，他事母至孝，他精忠报国；杨门虎将做到了，一门忠义杨家将，个个也都极为孝顺；无数的先辈都做到了，他们在家事亲至孝，出外为了国家抛头颅洒热血。历史上还有一位极富传奇色彩的巾帼英雄，她也用自身的行动书写了一首忠孝一体的英雄史诗，她就是花木兰。

北魏太武皇帝时期，北方游牧民族柔然族不断南下骚扰，北魏政权规定每家出一名男子上前线。花木兰的父亲年纪大了，没办法上战场，家里的弟弟年纪又小，所以，木兰决定替父从军，从此开始了她多年的军旅生活。去边关打仗，对于很多男人来说都是艰苦的事情，更不要说花木兰不仅要与伙伴们一起杀敌，还要隐瞒身份。但是花木兰最后完成了自己的使命，十年后凯旋。因为她战功累累，皇帝赏赐她高官厚禄。花木兰拒绝了，她请求皇帝能让自己回家，去补偿和孝敬父母。从此历史上有那一篇美丽的民歌——《木兰辞》。

“唧唧复唧唧，木兰当户织。不闻机杼声，唯闻女叹息。”千百年后，读《木兰辞》时仿佛还听得见木兰最初那沉沉的叹息声。“问女何所思，问女何所忆。”想要问一问木兰在想些什么，在担忧些什么。可是木兰没有别的思虑，只是因为看见了军帖，可汗要征兵了。那么多卷征兵文册，每一卷上都有父亲的名字。孝顺的花木兰给自己一个坚定的答案：替父出征，保家卫国！

“东市买骏马，西市买鞍鞯，南市买辔头，北市买长鞭。”准备好装备，从此木兰离开了家乡，再也听不见父母呼唤女儿的声音，伴着她的只有黄河的流水声、萧萧的马鸣声。

面对残酷的战争、艰苦的环境，花木兰没有畏惧。可是一个女人在战场上，要付出多少心力才能保住性命？安全的隐患不仅来自于敌人，还有严格的军纪。古代忌讳女子进军营，认为女子随军是不祥之兆。为此，花木兰不得不努力掩饰自己的身份，一面奋勇杀敌，一面还得不暴露自己的女儿身份，那些年，那个英雄的女人比那些英勇的将士更辛苦。“将军百战死，壮士十年归。”历经百战，花木兰终于凯旋。十年的艰辛换得了国家的太平，她不要功名利禄，她只想回家去孝敬父母，“愿驰千里足，送儿还故乡”。

《木兰辞》在中国文学史上与南朝的《孔雀东南飞》合称为“乐府双璧”，可我总觉得《木兰辞》应该比《孔雀东南飞》更多一些光辉，因为那不仅是一个女人智慧、胆略和才能的展现，更是忠孝两全、深明大义的理想化身。

两难选择

—— 自古忠孝难两全

不管忠孝一体的理想多么完美，自古至今，人们常常抱憾忠孝不能两全。虽然人们一直将忠孝并举，但是忠与孝之间却实实在在有着差别。孝主要是对父母长辈应尽的义务，忠却涉及君主国家。有些时候，在尊亲与君国之间，不得不做出选择。

尽忠，或者尽孝？二选一的题目，让人最痛苦，可是在人生的十字路口，即使再艰难也得抉择。历史上，很多人为这道选择题伤了心，三国时期的徐庶就曾在忠与孝之间痛苦挣扎。

徐庶在少年时代非常敬慕那些嫉恶如仇、扶危济困的武林侠士，立志要做一名顶天立地的大侠。为了实现这一伟大愿望，徐庶自幼拜师学艺，苦练武功，结交同道侠友，探讨切磋各个流派的技艺。后来，他终于学得了盖世武功，便游历四方，除暴安良，扶危济困，很快成为一名远近闻名的少年侠士。

这个时候东汉王朝日趋腐朽，诸侯割据，烽烟四起。少侠徐庶逐渐认识到仅靠自己的力量，不足以铲除人间不平事，诛尽天下害人虫。审时度势，他终于决心弃武从文，掌握一身治国用兵的本领，造福于天下苍生。于是徐庶告别武林诸友，摒弃刀枪剑戟，潜心读书求学。

历史上投笔从戎的人不少，但弃武从文的不多，徐庶是"转型"成功的一位。学得了治国谋略的徐庶得知刘备胸怀大志，才略过人，并能够善待部属，素有人望，便前往新野拜见刘备。刘备正想结交荆襄一带的有识之士，对颇有名气的徐庶前来投靠，高兴得不得了。刘备非常器重徐庶的才干和人品，把他留在营中并委以重任，让他参与整顿军事，训练士卒。

做了刘备的军师后，徐庶大展才华，在数月之间连施妙计，杀吕旷斩吕翔，大破八门金锁阵，败曹仁取樊城，使刘备的士气军心为之一变，使曹操的嚣张气焰为之一寒。他还向刘备推荐了诸葛亮。刘备为图霸业，求才若渴，他放下身份，三顾茅庐，虔诚之心终于感动了诸葛亮。诸葛亮接受了刘备的邀请，出山辅佐刘备，从而奠定了三国鼎立的格局。

事情的发展并不会一直都这般顺利。汉献帝建安十三年(208)，曹操率大军南征荆州。一切从这个时候开始转折。

这时刘表已亡故，他的儿子刘琮不战而降。刘备率军民二十多万人南撤。在曹军追到当阳长坂坡这个地方时，刘备寡不敌众，大败而逃。徐庶的母亲不幸被曹军掳获，曹操派人模仿徐庶母亲的笔迹写信给徐庶，召徐庶去许都。徐庶见信得知老母被押在许都，痛不欲生，他含泪向刘备辞行。徐庶用手指着自己的胸口说："本打算与将军共图王霸大业，耿耿此心，唯天可表。不幸老母被掳，方寸已乱，即使我留在将军身边也无济于事，请将军允许我辞别，北上侍养老母！"母亲被押在敌军的地盘上，能不心乱吗？在尽孝与尽忠之间，徐庶百般纠结，但还是无奈地做出选择——北上侍母。

徐庶北上归曹以后，心中仍十分依恋故主刘备和好友诸葛亮。尽管他有出众的谋略和才华，但不愿与刘备、诸葛亮为敌，所以从不为曹操出谋划策。因此，徐庶在曹魏历时数十年，却从未在政治、军事上有所作为，几乎湮没无闻。这就是人们常说的“徐庶进曹营——一言不发”。

如此说来，徐庶还应该算是忠孝一体的代表，他选择去侍奉母亲，却又能保持沉默不背叛旧主。可这，要感谢那个爱惜人才的曹操。

徐庶在曹魏“一言不发”，最后却官至右中郎将、御史中丞，这是曹魏的大度，也是徐庶的幸运。相比之下，东汉的赵苞就没有这么幸运了。

赵苞因为孝廉，被举荐当了官，后来又升任辽西太守。赵苞放心不下家人，便派人去接母亲和妻子来辽西。不幸的是，回来的路上经过柳城时，遇到鲜卑一万余人侵入边塞劫掠。鲜卑人烧杀劫掠，赵苞的母亲和妻子也被劫持。鲜卑人把她们当作人质，用车载着她们来攻打辽西郡城。赵苞率领骑兵两万人布阵迎战，鲜卑人在阵前推出赵苞的母亲给赵苞看。赵苞悲痛号哭，对母亲说：“儿子的罪恶实在不可名状，本来以为可以接您到身边，用微薄的俸禄早晚在您左右供养，想不到反而为您招来大祸。过去我是您的儿子，现在我是朝廷的大臣，大义不能顾及私恩，只有拼死一战，否则没有别的办法来弥补我的罪恶。”母亲远远地望着，嘱咐他说：“我儿，各人生死有命，怎能为了顾及我而亏损忠义？你应该尽力去做。”

赵苞忍着内心极大的伤痛，含泪一挥手，下令出击。将士们全力出战，鲜卑人被摧毁攻破，可是赵苞的母亲和妻子也被鲜卑人杀害了。

战争结束了，胜利后的赵苞却丝毫没有喜色，他上奏朝廷，请求护送母亲、妻子的棺柩回故乡安葬。赵苞将母亲、妻子安葬完毕后，对他家乡的人们说：“如果我吃着朝廷的俸禄却逃避灾难，那就不是忠臣；可是为了保全忠义却害得母亲死于非命，这就不是孝子。如此，我还有什么脸面活在人世？”说完，便吐血而死。

一代忠义之士，却死于心伤，忠孝难两全，结局如此悲伤。

其实从实际来说，忠君赴难，并不是所有人的愿望，但如果弃忠行孝，就会落得个“不忠”的罪名，这是任谁都背负不起的。那就只能祈祷天下太平，让每一个人都能善事父母。若是国家危难当头，只能舍小家为大家，二选一的题目，再艰难，我们也得做出抉择。

谏诤之义

—— 孝顺，而不是盲从

中国古代有三纲思想，像一条无形的绳索，紧紧地捆绑着人们，让人喘不过气来。所谓“君为臣纲，父为子纲，夫为妻纲”，就是要绝对服从。所以，“君叫臣死，臣不得不死；父叫子亡，子不得不亡”，如此一来，三纲思想就成了批判、唾弃传统文化者最有力的证据，传统文化似乎都成了糟粕。可是翻开经典，会发现它们也是辩证的、活泼的、生动的，那些格式化的、僵化的、礼教化的恰恰是后人的附会和添油加醋。

一部《孝经》，从未让人绝对服从，相反，在《孝经》的思想中，孝道不是简单的敬顺，孝道有其道义在。在道义的范畴里，遵守的孝道是慈爱恭敬、安亲扬名，这是我们的本分，而超出了道义的范畴就要谏诤了。

在《孝经·谏诤》中曾子问：“敢问子从父之令，可谓孝乎？”

孔子回答说：“是何言与？是何言与？”——这是什么话？这是什么话？

接着他对弟子解释说：“昔者天子有争臣七人，虽无道不失其天下。诸侯有争臣五人，虽无道不失其国。大夫有争臣三人，虽无道不失其家。士有争友，则身不离于令名。父有争子，则身不陷于不义。故当不义，则天不可以不争于父，臣不可以不争于君，故当不义则争之，从父之令，又焉得为孝乎？”

从前，天子身边有七个直言相谏的诤臣，因此，纵使天子是个无道昏君，他也不会失去天下；诸侯有直言谏诤的诤臣五人，即便他是个无道君主，也不会失去他的诸侯国地盘；卿大夫也有三位直言劝谏的臣属，即使他是个无道之臣，也不会失去自己的家园；普通的读书人有直言劝诤的朋友，自己的美好名声就不会丧失；为父亲的有敢于直言力诤的儿子，就能使父亲不至于陷身于不义之中。因此在遇到不义之事时，如是父亲所为，做儿子的不可以不劝谏力阻；如是君王所为，做臣子的不可以不直言谏诤。所以对于不义之事，一定要谏诤劝阻。如果只是盲目遵从父亲的命令，又怎么称得上是孝顺呢？

孝顺，而不是盲从，真正的孝子要懂得谏诤。《孔子家语》中记载了这样一则故事：

曾子从小就很孝敬父母，这一天，曾子跟着父亲曾皙在瓜地里干活，不小心锄断了瓜苗。父亲一看，觉得孩子不知道爱惜物力，做事不谨慎，于是举起手上的大棍子就向曾子的背部打去。曾子见父亲因自己做错事而生气，心里很惭愧，也不逃避，就跪在地上受罚，可是身体承受不住，便晕倒在地，不省人事，过了很久才慢慢苏醒过来。曾子刚睁开眼睛，就想到了父亲。为让父亲安心，他欢欢喜喜地爬了起来，整理好衣冠，恭恭敬敬地走到父亲面前行礼，向父亲问道：“父亲大人，刚才孩儿犯了大错，使得父亲费了很大的力气来教育我，您的身体没有什么不舒服的地方吧？”

听说这件事的人都很敬佩曾子对父亲的孝顺，可当孔子听到后，反而不高兴，对弟子说：“曾参来了，不要让他进来。”曾子知道后，内心很害怕，老师这么生气，肯定是自己有什么地方做得不好，可仔细回想，真不知道自己犯了什么错。于是曾子就请其他同学去问老师。孔子对前来请教的弟子说：“你们难道没有听说过吗？从前，有一位瞽瞍，他有一个孩子名叫舜。舜在侍奉他父亲的时候非常尽心，每当瞽瞍需要舜时，舜都能及时地侍奉在侧；但当瞽瞍要杀他的时候，却没有一次能找到他。这样，瞽瞍就没有犯下为父不慈的罪过，舜既保全了父亲的名声，也极尽自己孝子的本分。如果是小的棍棒，能承受的就等着受罚；可如果是大棍棒，就应该先避开。曾参侍奉他的父亲，却不知爱惜自己的身体，轻弃生命直接去承受父亲的暴怒，就算死也不回避。如果他真的死了，那不是陷父亲于不义吗？哪有比这更不孝的呢？”弟子们听了老师的开导后恍然大悟。曾子听到夫子这些话，也一下子醒悟过来，感叹地说：“我犯的错，真是太大了啊！”于是就很诚恳地去向孔夫子拜谢并悔过。

当然有谚语说“子不言父过”，《论语·子路》也说“子为父隐”，但那是说的忌讳，是已经做过的事情，而谏诤是指在做的当时或者做之前。父母有不义之举时，做儿子的要劝说力阻，以免父母身陷不义。

同样，君王有不义的行为时，做臣子的不可以不直言谏诤。传统中国的朝代都设立言官，又称御史，职责就是劝谏君上，弹劾大臣。言官是不能杀的，杀了言官，等于皇帝直接承认自己是个暴君，这是大忌讳。当然，言官都是由忠直之士来担任。宋代司马光曾说：“凡择言官，当以三事为先：第一不爱富贵，次则重惜名节，次则晓知治体。”对于言官的道德品性及政治素质都提出了很高的要求。

言官对于皇帝的君德保持着高度的关注，诸如游戏国事、昏庸不振、生活奢靡、大兴土木等，都上奏谏诤，以致皇帝也心生畏惧。曾经有一次，明朝万历皇帝演戏嬉乐，突然听到巡城御史的呵呼声，赶紧命令停下歌舞，他说：“我害怕御史。”

中国出了很多有名的言官，如西汉的张释之、东汉的董宣、明代的海瑞等等，都曾担任过言官，并在言官职位上留下铮铮响名。唐代魏徵更是以“犯颜直谏”而闻名，他辅佐唐太宗十七年，曾先后陈谏二百多次，劝诫唐太宗以历史的教训为鉴，励精图治，任贤纳谏。

对父母、对国君要懂得谏诤之义，对朋友又何尝不是这样？如果只会说好话，一味地奉承，那就不是真正的朋友。所谓益友，应当在朋友做得不好时，劝谏朋友让朋友改正错误。

忠言逆耳，但若是真孝，真为父母长辈他人着想，要敢于说真话。谏诤劝阻，或许就能挽救一场灾难。请记住：孝顺，而不是盲从。

悖德之行

——怎可不爱父母爱别人

《孝经·圣治》说："不爱其亲，而爱他人者，谓之悖德。不敬其亲，而敬他人者，谓之悖礼。"——不亲爱自己的父母而去亲爱别人的父母，是一种违背道德的行为。不尊敬自己的父母而去尊敬别人的父母，是一种违背礼仪的行为。这样悖德、悖礼的人，通常都是居心不良、心怀叵测的小人。

两千多年的历史长河中，这样的小人随着滔滔江水此起彼伏，从来没有退出过历史的舞台，而他们都有一个共同的特点，那就是被权力被利益熏了心。利欲熏心的人甚至会谋害父母长辈，《左传》中有一则"楚世子商臣弑其君"的故事，就记载了一个为夺取权力而杀父的人——商臣。

楚晋城濮之战后，楚国大败，楚成王带着残兵回到楚国。楚成王一边令国人发展生产，休养生息，一边准备确立太子。按周公所定的"宗子维城"的世袭制，楚国的王位继承人应该是长子商臣。但楚国地处南方，风俗习惯不同于中原华夏，通常由少子继承王位。为了摆脱"南蛮"的帽子，以利于北上图霸，楚成王打算改变以往的做法，依照周礼立长子商臣为太子。但他又怕这种做法引起楚国人民的不满，一时犹豫不决。

商臣本来就比较有心计，他经常把珠玉环佩等宝贝送给成王身边的近臣，以便打探消息。见成王在立太子一事上犹豫不决，便跟近臣们走动得更勤了。得了好处的近臣自然是多多美言，商臣自己也借进宫请安的机会，在楚成王面前表现得十分勤勉恭谨。成王很高兴，更想立商臣为太子，稳妥起见，他向令尹子上征询意见。商臣的举动，子上早已看得清清楚楚，便直言不讳地说："大王还很年轻，何必早立太子？即使要立太子，也不能立商臣。一来楚君嗣位，立少不立长，历代都是这样，大王不能坏了先祖的规矩；二来商臣这个人，眼睛像蜜蜂的眼睛，而声音像豺狼嚎叫，是一个残忍的人。现在因为爱他便要立他，以后心里厌烦便要废黜他，若这样做，必生祸乱。请大王三思而行！"

楚成王最后还是立商臣为太子，并安排潘崇做他的师傅，同日迁往东宫。

商臣被立为太子之初，为人倒也谦虚勤奋，对楚成王也很恭敬，楚成王很满意。但是渐渐地，商臣的本来面目就暴露出来了，他生活奢靡，有三宫六院，甚至还以天子自居，他还挑拨是非，好多大臣因他而死，其中包括令尹子上。

真是狼子野心！楚成王慢慢看清了商臣的面目，他后悔当初不该不听子上的话。

但是世上没有后悔药，成王无奈，只能选择疏远商臣。后来又见王子职聪明，就想废商臣而立王子职。商臣很快听到传闻，他赶紧把这消息告诉了他的老师潘崇，向老师讨教证实消息的办法。潘崇说："你去宴请成王的妹妹江芈，但要戏弄她。"

芈是楚国王室的姓氏，楚成王的妹妹嫁在江国，称江芈。古时女子无名，出嫁后在娘家姓氏前冠夫姓以称其名，比如庄姜，本是春秋时齐国的公主，姜是齐国皇族的姓，因为嫁给了卫国国君庄公，称庄姜。

商臣真就这样做了。江芈受他戏弄而大怒，说：“你这贱役之人，难怪君王要杀你而立王子职为太子呢！”商臣回来告诉潘崇说：“消息可靠。”潘崇问他：“你能去侍奉王子职吗？”他回答说：“以长事幼，我做不来。”又问：“你能出逃吗？”他回答说：“无缘无故，避难他国，徒取其辱。我不能这样做。”最后问：“能举行大事吗？”他回答：“能。”

两人俯首帖耳，一阵密语，暗商计策。

冬日天短，未到申时，天已经完全黑下来了。商臣托言宫中有变，率军围住王宫。潘崇手持宝剑，率领几十名武士，奔入内寝，闯到楚成王面前。成王请求吃一只熊掌再死，商臣不答应，楚成王自缢。

为了权力，讨好巴结别人；为了权力，甚至杀害自己的父亲，这样的悖德之举实在让人心寒。直到现在，也依然有不少悖德之人。他们常常借口工作忙，脱不开身，抽不出时间，长年累月不回家，不去给父母尽孝。但是为了获得升迁的机会，他们尊上级领导为“父母”。尤其是在上级领导或其家属生病时，他们争着鞍前马后地服侍，丝毫不敢大意，无比周到。放着自己的亲生父母不去照顾，这不仅不近人情，而且肯定有乖张悖理之处。

试图走“父母路线”接触权力顶端，为日后牟取私利苦心经营的人多半是这副嘴脸。还有很多人虽然没有为了高升而去奉承别人，但是他们也一样悖德违礼——在外面彬彬有礼，回到家里对父母呼来喝去，毫无敬意。这种违反道德的做法，即使获得了什么成功，也是遭人唾弃的。这就是《孝经·圣治》所说的“虽得之，君子不贵也！”

如果连自己的父母亲人都不爱，那么对别人能有多少真心？世人当小心啊！

君子之仪

——谦谦君子的六种特质

中国人爱玉，玉自古便是高贵和纯洁的象征。有幸觅得一方久已心仪的美玉，那是一种缘分，更是一种福分。俗话说“黄金有价玉无价”，玉是宝石，在我国传统的儒家文化中，玉被人格化，玉的纯洁、坚强等特质被作为人的楷模，所谓“君子如玉”，与玉相配的只有君子。

“君子”一词，很早就出现在先秦典籍中，《易经》、《诗经》、《尚书》等都广泛使用。但是对“君子”一词的具体说明，却是从孔子才开始的。

在孔子之前，“君子”主要是从政治角度立论的，它的主要意思是“君”。“君”，由“尹”和“口”组成。“尹”，表示治事；“口”，表示发布命令。合起来的意思是发号施令，治理国家。《诗经·谷风·大东》曰：“君子所履，小人所视。”孔颖达《诗经正义》曰：“此言君子、小人，在位与民庶相对。君子则引其道，小人则供其役。”《左传·襄公九年》曰：“君子劳心，小人劳力，先王之制也。”这里的君子、小人，仍然着眼于地位而非道德品质。

到了孔子时代，君子一词开始具有道德品质的属性。君子以行仁、行义为己任。君子也尚勇，但勇的前提必须是仁义，是事业的正当性。君子处事要恰到好处，要做到中庸。

在儒家看来，人并不是一生下来就是一个完人，只有当一个人知道什么该做、什么不该做，并且切实做到为其所当为、行其所当行的时候，才是一个真正意义上的人，这就是所谓的成人。

人不是一生下来就完美的，因此君子也不是天生而成的，要成为君子，当然需要人格修养。《论语·里仁》说："见贤思齐焉，见不贤而内自省也。"看到有人在某一方面有出色的表现，就力求向他看齐；看到有人在某一方面有不好的表现，就反省自己是否也有类似的思想或行为，从而告诫自己不应当再发生类似的事，这是一种基本的修养方法，所以孔子又讲："三人行，必有我师焉。择其善者而从之，其不善者而改之。"

但是到底要修炼到什么样子，才算得上是一个君子？

《孝经·圣治》给我们确定了君子的六种特质："言思可道，行思可乐，德义可尊，做事可法，容止可观，进退可度。"——君子的言谈要经过慎重思考，一定要合乎道义，能被人传颂称道；他在行动之前要思量再三，一定要合乎规矩，能给人们带来欢乐；他的德行，令人尊崇；他所做的事，都能成为别人的榜样；他的容貌举止要合于礼仪法度，让世人无所挑剔；他的一进一退，绝不会越礼违法，都经得起推敲检验。

人并非天生就是君子，谦谦君子的六种特质需要修炼，而修炼的关键就是一个"孝"字。只要一个人的孝心是发自内心的，那么反映到他的言行举止上就是和谐而得体的，如此，就可以成为众人的榜样。所以，孝是君子的一个基本特征。

君子不仅是孔子的人格理想，也是社会的追求典范，君子会吸引全社会的目光，为了这点荣耀，就会有人假扮君子，就会出现伪君子。当然伪君子们也得在表面上做足君子的功夫，这样才能骗过世人的目光。

金庸小说《笑傲江湖》中华山派掌门岳不群是伪君子的典型代表。他一出场，真算得上是个一等一的君子——他文质彬彬，颇有涵养，稍显粗俗的话都不会从他口中说出来。他打败了木高峰，“瞧着他背影在黑暗中隐没，叹了口气，自言自语：‘武林中似这等功夫，那也是很难得了，可就偏生自甘……’下面‘下流’两字，忍住了不说。”他身为华山派掌门，却没有高人一等的架子，甚至“与人过招也毫无霸气”，而是“蕴藉儒雅”。他经常告诫弟子“时时记得仁义为先，做个正人君子”。他的门规甚严，恪守“正邪不两立”的原则。他不仅在弟子中有着绝对的威信，“师父他老人家吩咐下来的事，自然大有道理，又有谁能不服呢？”在江湖上他也有着“一等一的声誉”，人称“君子剑”。

谁知，我们都被这个“谦谦君子”欺骗了，他其实竟然是个彻底虚伪的人，是个伪君子。在疯狂的权力角逐中，他扭曲了人性，他最后撕掉了自己的君子面罩，露出了凶恶的面目。时间是检验君子的试金石，真君子经得起推敲检验，伪君子最终会露馅，会一无所有，身败名裂。

当然，君子一词还有很多意思，好学者可称君子，梅、兰、竹、菊合称“四君子”，妻子称丈夫为“君子”。但是不管怎么样，都与美好的品德相关。

好学者自然不用说，《论语·公冶长》说：“敏而好学，不耻下问，是以谓之文也。”可见，好学者是担得起君子之名的。梅、兰、竹、菊称“四君子”也并非浪得虚名：梅，剪雪裁冰，一身傲骨；兰，空谷幽香，孤芳自赏；竹，筛风弄月，潇洒一生；菊，凌霜自行，不趋炎势。千百年来，“四君子”以其清雅淡泊的品质，一直为世人所钟爱，成为一种人格品性的文化象征。

古时妻子称丈夫为“君子”，如《后汉书·列女传·曹世叔妻》：“进增父母之羞，退益君子之累。”李白之《古风》“焉得偶君子，共乘双飞鸾。”女人把丈夫称为君子，应该也有对那个男人良好品德的期望，哪个女人不期望自己的丈夫是一个品行优良的人？

君子如玉，这样的人是整个社会的典范，也是每一个女人的向往。过去，现在，或者将来，相信君子都是每一个女人理想的归宿。想一想自己的夫君是一个谦谦君子，女人在梦里也会笑得甜美吧。

八

天地万物感应孝

——孝的不同维度

十八章

喪親　子曰孝子之喪親也哭不偯禮無容言不文服美不安聞樂不樂食旨不甘此哀戚之情也三日而食教民無以死傷生毀不滅性此聖人之政也喪不過三秊示民有終也為之棺槨衣衾而舉之陳其簠簋而哀戚之擗踊哭泣哀以送之卜其宅兆而安措之為之宗廟以鬼享之春秋祭祀以時思之生事愛敬死事哀戚

《孝经》是儒家典籍，可孝道却不是儒家专有，墨家、道家、法家、纵横家甚至佛家，都有孝义之说。孝道也不仅仅是男人的事情，女人也应遵守。孝是人伦之本，若天地万物真有感应，那么希望在孝道的引领下世界越来越美好。

女人的智慧

——女孝

钻石有很多不同的切割面，在光线的照射下，不同的角度会折射出不同的光彩。女人就好比一颗钻石，每一天都拥有许多的社会角色，可女人怎样才能让自己的各个侧面都释放出美丽的光芒呢？

一个女人若真想成为美丽闪耀的钻石，就得把无数个光洁的侧面组合在一起，做一个智慧的女人，而支撑这些侧面的根基只有一个，那就是孝。

历史上有很多有名的孝女，曹娥就是其中之一。曹娥的父亲能弦歌，为巫祝。这一年，曹娥十四岁，父亲在河边迎神，不小心掉进河里淹死了，尸体都找不着。曹娥沿江号哭，白天黑夜不停歇，哭了十七日，于是在五月五日投江，五天后从河里抱出父亲的尸体。所以也有人说端午节的来源之一，是为了纪念孝女曹娥。

作为父母的女儿，孝敬生养自己的父母或许并不难。当成为别人的妻子，进入新的家庭，去孝敬丈夫的父母，去亲近丈夫的兄弟姐妹时，似乎就有些难度了。常言道“家家有本难念的经”，其中一本就叫“婆媳经”。在婚姻的围城里，在家家户户的屋檐下，都有一段婆婆和媳妇的故事。人都说，父亲与女婿是天生的情敌，婆婆和媳妇又何尝不是呢？婆婆总是担心儿子“娶了媳妇忘了娘”。男怕入错行，女怕嫁错郎。可是女人哪怕是嫁了一个好丈夫有时候还不能算完整，像《孔雀东南飞》的男女主角不正是因为婆媳问题而分手？陆游与唐琬伉俪情深，但因为陆游的母亲听信寺庙住持恶意的谗言硬生生拆散他们，才有了那首满怀伤感的《钗头凤》。

婆媳关系复杂难处，早在中国古代就注意到了这个问题，但是古人认为，只要用心尽孝，这个问题就会迎刃而解。

相传东汉时四川广汉这个地方有个叫姜诗的人，娶庞氏为妻，夫妻都很孝顺。因为婆婆爱喝长江水，庞氏每天都到离家六七里地的长江边去取水。婆婆爱吃鱼，夫妻就常做鱼给她吃，婆婆不愿意独自吃，他们又请来邻居老婆婆一起吃。有一次因为风太大，庞氏去江边取水回来得晚了，姜诗怀疑她怠慢母亲，便把她赶出家门。庞氏寄居在邻居家中，不分昼夜地辛勤纺纱织布，把卖布的钱托邻居送回家中孝敬婆婆。后来婆婆知道了庞氏被逐之事，要姜诗把庞氏请回来。庞氏回家这天，院中忽然喷涌出泉水，口味与长江水相同，每天还有两条鲤鱼跃出。从此，庞氏便用这些供奉婆婆，不必远走江边了。

庞氏的孝心赢得了一家人的和睦，还有很多女人也在出嫁后在令人为难的处境中找到了办法，应付了难局。做得最巧妙的、最可爱的儿媳妇应该要属唐代诗人王建笔下的那个新嫁娘了：“三日入厨下，洗手作羹汤。未谙姑食性，先遣小姑尝。”

“三日入厨下”，古代女子嫁后第三天，俗称“过三朝”，依习俗要下厨房做菜。“洗手作羹汤”，“洗手”标志着第一次用自己的双手在婆家开始她的劳动，表现新媳妇在庄重中力求做得洁净爽利。但婆婆喜爱什么样的饭菜，对她来说是个未知数。粗心的媳妇也许凭自己的口味，自以为做了一手好菜，实际上公婆吃起来却为之皱眉呢。因此，细心、聪慧的媳妇，考虑就深入了一步，她想事先掌握婆婆的口味，要让第一回上桌的菜，就能使婆家满意。

"未谙姑食性，先遣小姑尝。"这是个多么聪明、细心甚至带有点狡黠与圆滑的新嫁娘！她想出了很妙的一招——让小姑先尝尝羹汤。小姑吃着婆婆做的饭菜长大，自然知道一家人的口味。

一首诗，从"三日入厨"，到"洗手"，到"先遣小姑尝"，很直白的语言，却不仅和人物身份相符合，而且和具体的环境、场所紧紧相扣。沈德潜评论说："诗到真处，一字不可易。"

这应该不仅是诗到真处，更是新嫁娘的情到真处！

孝女用真心真情留下许多感人的故事，而有心的曹大家还写了《女诫》作为女人的行为规范。曹大家就是班昭，班昭十四岁嫁给同郡曹世叔为妻，所以人们又把她叫作"曹大家"。班昭以她的聪明才智完成了哥哥班固的《汉书》，又以她的才情打动了汉和帝的心，使哥哥班超回归洛阳。《女诫》本是她写了用来教导班家女儿的私家教课书，不料京城世家却争相传抄，不久之后便风行全国各地。《女诫》包括卑弱、夫妇、敬慎、妇行、专心、曲从和叔妹七章。虽然其中有很多男尊女卑的观念，也有些逆来顺受的苛求，但是它教导妇女要柔顺，要娴静，要恪守本分，这总是好的，而它也告诉女人要善事男方的父母，要与男方的兄弟姐妹和睦相处。

婆媳问题是古今共同面对的问题。一个家庭要再"加人"，本来就是一件大事，婆婆担心进家门的是一个占尽儿子的"闲媳妇"，媳妇也怕遇上一个习惯特殊的恶婆婆。但是无论如何，晚辈总是要孝敬长辈的。再说了，不是一家人，不进一家门。既然成了一家人，就不能再分你我。孝顺公婆，尊重关心他们；对待丈夫的兄弟姐妹，就像对待自己的兄弟姐妹。都说"日久见人心"，如果始终坚持对他们像对待自己最亲的人一样，恐怕铁石心肠也会软化。

每一个女人都是一颗钻石，能不能让自己各个侧面都发光，取决于女人自己是否有智慧。一个有智慧的女人，会懂得用一颗孝心让自己闪耀。

超脱世俗的孝道

——佛家之孝

佛教从印度传到中国，虽然经历过南北朝和唐朝的繁盛，但是历史上曾经发生过三次大规模的反佛运动，因为这三个灭佛的皇帝的称号都有一个“武”字，于是称为“三武灭佛”。第一次是北魏太武帝于太平真君五年（444）下令禁止贵族招揽佛教徒，两年后又禁止佛教传播，拆毁寺庙，勒令和尚、尼姑还俗；第二次是北周周武帝灭佛；第三次是唐武宗于会昌五年（845）发起的灭佛运动，共毁掉大小佛教寺庙近五万座。

佛教早期的经典《长阿含经·佛说善生经》这样说：“夫为人子，当以五事敬顺父母。云何为五？一者，供养，能使无乏。二者，凡有所为，先告父母。三者，父母所为，恭顺不逆。四者，父母正令，不敢违背。五者，不断父母所为正业。”

作为子女，应当做到五件事来敬顺父母。是哪五件呢？一是供养父母，不要使父母物资贫乏；二是凡事在行动之前，都跟父母说一下，征求一下父母的意见；三是父母做的事，恭敬顺从不逆反；四是父母正确的命令，不能违背；五是继承父母的正业，光耀祖先。

释迦牟尼的思想与孔子、曾子的思想竟然是相通的！佛家的孝，一样是奉养，一样是敬顺，一样是不盲从，一样是承继家业。或许，在印度，在那个崇佛的国度，《阿含经》就是他们的《孝经》。

我国有一种习俗，就是在七月十五中元节的时候烧纸钱、供瓜果，纪念祖先。这个习俗，竟然也与佛教有关。佛教中有一本《盂兰盆经》，讲述的是释迦牟尼弟子目莲入地狱解救母亲的故事。“盂兰盆”为天竺语，意为“解救倒悬”。传说释迦牟尼的弟子目莲看见他的母亲在地狱倒悬，受苦而不能解救，于是按照佛说的救济之法，于七月十五日在盂兰盆中准备了百味果食，供养十万僧众，最后使他的母亲得以解脱。从此形成了盂兰盆会。这个故事在中国广为流传，佛教所宣讲的盂兰盆会成为我国中元节的主要形式，无论僧俗，都得参加，中元节成了孝子表达思念的重要节日。

佛教中，还有很多著名的孝子，敦煌卷子中的“闪子”就是其中一个。这个闪子，也称为睒子，是印度人，在很多佛典经文中，都记载着同样的故事：

睒子，嘉夷国人。父母年老，而且都双目失明，睒子每天尽心服侍父母，不敢有半点疏忽。睒子穿着鹿皮做的衣服，与鹿交为朋友。有一次，睒子提着瓶子去河边打水，他又和他的鹿朋友走在一起。刚好碰到嘉夷国国王在山上打猎，国王看见山下有一群鹿在行走，于是张弓射了一箭。谁知道这一箭，竟射在了穿鹿皮衣服的睒子身上。中了毒箭的睒子失声喊道：“一箭射杀了三个人哪。”国王这才知道自己射到的是一个人，于是赶紧催马下山，向睒子谢罪。睒子对自己受伤的事倒没有抱怨，他只是担心自己死后，双目失明的父母没有人奉养。睒子用尽最后的力气跪在国王面前，请求国王代自己奉养父母。见国王点头答应，睒子便缓缓地倒下，永远地闭上了眼睛。国王把睒子的遗体送回家，睒子的父母知道自己的儿子已经死了，便号啕大哭，哭声震天，感动了天帝释，帝释拿来神药水灌进睒子的口中。结果，毒箭被拔了出来，睒子复活了！

睒子的故事随着佛教经典一同传入中国。南宋杰出的书画家赵孟頫的族兄赵孟坚画有《赵子固二十四孝书画合璧》，其中就有睒子的故事：睒子，性至孝。父母年老，患眼疾，需饮鹿乳疗治。他便披鹿皮进入深山，钻进鹿群中，挤取鹿乳，供奉双亲。一次取乳时，看见猎人正要射杀一只麂鹿，睒子急忙掀起鹿皮现身走出，将挤取鹿乳为双亲医病的实情告知猎人。猎人敬他孝顺，以鹿乳相赠，护送他出山。

虽然细节发生了变化，但中国化的睒子还是那个孝顺的睒子，还是佛经中那个睒子的样子，穿鹿皮、奉养双亲，至诚至孝。

佛教经典记载了大量的孝行故事，可见佛教中的大量内容是讲孝行的。然而佛教中的孝，却很难被中国人理解接受。即便是经过了中国人的改造，或者在翻译的时候经过加工，尽可能地中国化，但出家奉佛在中国仍然被视为不孝。

一个本身讲孝的佛教，传到中国却被视为不孝，这样的冲突引得无数论战。

出家人要剃度，这直接违反了“身体发肤，受之父母，不敢毁伤”的规定，佛家的剃发简直就是大不孝，于是佛家剃发常常成了攻击对象。可是佛家认为，一个人是否忠孝，不是看他是否剃发，即使有须发的人，若是不忠不孝，留着须发，又有何用呢？孝与不孝，不能拿须发、服饰等表面上的东西来判断，只要忠于家国，“形亏”是没有关系的。

出家意味着不能奉养父母，孝道本质上就是讲对父母的赡养，既不奉养，何谈孝？

对于出家不能奉养父母一事，佛家也有他们自己的理由：“至于成佛，父母兄弟皆得度，世是不为孝，是不为仁，孰为仁孝哉？”——出家得度，就可以帮助父母兄弟都得度，怎么能说是不孝不仁呢?

在我们的印象里，出家人戒绝七情六欲，没有情，没有欲，六根清净，四大皆空，不食人间烟火，没有儿女情长，没有悲欢离合。我们难以想象的是佛家却实实在在是讲究孝道的，只不过他们把帮助父母家人得度视为孝，并且视一切众生为我父我母，尽一切力量，使之解脱生死轮回，离苦得乐。佛家的孝是超脱世俗的孝，是对众生万物的慈悲，更是比看得见、摸得着的孝行更广阔、更深远。

不一样的学说一样的孝

——诸子论孝

春秋战国时代，社会处于大变革时期，产生了许多思想家。他们各自著书立说，广收门徒，高谈阔论，互相论战，于是出现了一个思想领域里“百家争鸣”的局面。所谓“诸子百家”，主要有儒家、墨家、道家和法家，其次还有阴阳家、杂家、名家、纵横家、兵家、小说家等等。后人把小说家以外的九家，又称为“九流”。俗称的“十家九流”就是从这里来的。

各学派代表各阶层的利益，抱持各自的学说，论战纷纷。然而，虽然利益相冲突，学说不一样，但是他们却都一样重视孝道。

儒家自然不用说了，孝道是他们思想的核心，孝道是至德要道，是无上崇高的。修身、齐家、治国、平天下，一个“孝”字，就是最有力最灵验的法宝。

墨家不甘落后，提出“孝，利亲也”的观点。墨家认为爱无差等，主张兼爱，所以墨子认为，孝不仅仅限于爱自己的双亲和长辈，还应包括爱民利众之意。不仅如此，墨子还进一步认为，利亲应先从他人之亲考虑，只有“先从事乎爱利人之亲”，人才能“报我以爱利吾亲也”。这点刚好与儒家相反，儒家主张推己及人由近及远，墨家主张由远及近。因为兼爱，所以墨子希望人们爱人之父若其父，爱人之身若自身，爱人之家若自家，处处先为他国、他家、他人着想。墨子说："爱人若爱其身，犹有不孝者乎？"试想如果人人都能做到兼爱，爱他人如爱自己，那还有不孝的人吗？

道家虽然反对儒家伦理道德的说教，却仍然提倡孝行。道家思想的创始人为老子，五千言的《道德经》，谈的主要是清静无为和道法自然。老子认为孝道是人的本性，应该发扬这点自然人性，不用刻意追求。《道德经》第十八章说："六亲不和有孝慈。"六亲指的是父、子、兄、弟、夫、妇，也就是家庭中所有成员。老子这句话是从人类纯天然的本性而讲的，指出孝子慈父是"失道而后德，失德而后仁，失仁而后义，失义而后礼"的产物。在老子看来，孝慈之心是人的自然性情，根本不需教导即有，而仁治所教导的孝慈只注重表面的行为，完全是形式主义。其实孝道应该是出于自然的一种行为，但是人是唯一一种可以不按照自然规律发展、能为所欲为的动物，所以道家强调人要回归一种"孝道"的本性，孝敬父母尊敬师长，这是本应该做的事，而不需要特别强调。在《道德经》第十九章中进一步谈到"绝仁弃义，民复孝慈"。这是因为仁政的实施，埋没人民的天性，而产生人为的孝子慈父。因此，老子指出人君若能放弃仁政，效法圣人之不仁，以万物为刍狗，则人民便会恢复自然的孝慈天性。

世界上的大多数宗教是站在死的一端立教的，道家文化与此不同，它是一种长生文化，道家追求长寿、长生。要达到长寿、长生，首先必须知孝尽孝。道教的理论家葛洪在《抱朴子·对俗》里谈道："欲求仙者，要当以忠孝和顺仁信为本。"修仙离不开孝，如果没有良好的道德，是难以修成仙道的。道教的《太平经》、《太上老君说报父母恩重经》、《净明忠孝全书》等重要经典，都详细地叙述了许多关于尽孝的道理。

法家的代表人物韩非子看到，战国时代，父母亲情已经不再像古时那样温情脉脉，并不是所有慈父慈母培养出的孩子都孝顺，由于父母过分溺爱，他们反而会做出许多大逆不道的事情。因此韩非子并不认为父母对子女有绝对、无条件的慈爱，甚至在危害父母利益之时，父母对子女可以杀之，可以“毁而害也”，可以“或诮或怨”。

韩非子正是清楚地看到了这点，才提出“故不务德而务法”。法家重视法律，追求法治国家，但是他在消解孝道的力量的同时，还是肯定了父母之爱，也承认了孝在治国中的作用，于是声言：“臣事君，子事父，妻事夫，三者顺则天下治，三者逆则天下乱。”“人生必事君养亲，事君养亲不可以恬淡。”

纵横家是中国历史上一个特殊的外交家群体。他们出谋划策时多从主观的政治要求出发，他们朝秦暮楚，事无定主，反复无常。但是他们却也极为重视孝道，并把孝道视为政治的重要内容。合纵派的代表苏秦就曾对楚王说：“仁人之于民也，爱之以心，事之以善言。孝子之于亲也，爱之以心，事之以财。忠臣之于君也，必进贤人以辅之。”

由上可知，在秦朝统一之前，孝就已经成为诸家公认的一种道德观念，虽然孝道思想有区别有差异，但是各家却都提倡孝行。到汉武帝“罢黜百家，独尊儒术”之后，孝道正式成为统治者教化的根本和治国的有力武器，并随着历史的发展而日渐深入人心，成为一种民族道德观点和文化心理而历久弥新地沉淀了下来。

天地万物感应孝

——若要安好，请行孝

世界之大，无奇不有。世上有很多事我们想象不到，有很多事我们解释不通，于是我们喜欢称之为“奇迹”。

奇迹一直都有，从远古的时代到文明的今天。因为认识水平不高，古人往往把那些奇迹归之于天人感应，认为那些无法解释的不可思议的事都是上天对人心感应的结果。

上天能够感应到人们的诚心、人们的行为，那么孝道自然也就能够感动天地。古人相信，人们只要诚心尽孝，就能敬事上天、敬事大地、敬事先祖亡灵，从而与天地、祖先亡灵相互感应，天地、祖先亡灵看到了人们的孝心和祭祀的诚心，就会降福保佑人们，就会风调雨顺、寒暑适宜、万物生长、五谷丰登、一切安好。

《孝经·感应》就说：“孝悌之至，通于神明，光于四海，无所不通。”

行孝道尽善尽美，就能够与神灵互相通达，四海之内充满其道德的光辉，凡是有人的地方都会受到其孝道的感化。

真正的孝心达到至善的境界，不仅感动人，而且感动天地万物，从而创造奇迹。舜就是这样一个感动天地、创造奇迹的人。

舜的父亲叫瞽瞍，为人既顽固，又糊涂。舜的亲生母亲在舜小时候就过世了，于是父亲再娶。舜的后母与同父异母的弟弟都是典型的恶人，经常联合起来欺负舜，甚至几次要害死舜。

“后妈”一直都是恶妇的代名词，或许跟舜的后母有直接关系吧。

人都说“虎毒不食子”，舜的父亲瞽瞍却总是和后妻以及小儿子一起欺负自己那个没了娘的大儿子。有一次，瞽瞍命舜修补谷仓的屋顶。当舜上去时，瞽瞍与舜的弟弟就站在下面放火烧。大火熊熊燃烧，就在万分危急之时，只见舜两手各撑着一个大竹笠，像大鹏一样从容不迫地从屋顶跳下来。

别人对我们不好，我们或许可以不在意，或许可以一笑了之，毕竟我们没有理由要求别人好好对待我们。可若是父母家人对我们不好，我们肯定会伤心难过，毕竟我们是一家人，毕竟我们以为家是温馨的港湾。然而就是这个本来应该温馨的港湾，却充满了伤害，舜很痛苦。有时候，他实在委屈极了，就会跑到田间号啕大哭，反复责问自己：“为什么不能做到令父母兄弟欢喜？为什么不能使家庭温馨和睦？”

尽管如此，舜却对父母非常孝顺。即便父亲、后母和弟弟都视自己为眼中钉、肉中刺，时时欲除之而后快，舜仍然能恭敬地孝养父母、友爱弟弟。当他受到父母的责难时，心中总是反复检讨自己的言行。平日里弟弟无故刁难，他不仅不责怪，反而认为自己没有做好当哥哥的榜样，因而更加努力培养自己的德行。

又有一次，瞽瞍让舜去凿井。当舜凿到井的深处时，瞽瞍和舜的弟弟就在上面拼命地填土，准备把舜填在井底。谁知道舜早已经在井底开了一条通道，又从容地躲过了一劫。当舜的弟弟得意地认为舜死了，财产都归他所有时，突然又看到舜从门口走了进来。他大吃一惊，但舜却并未露出丝毫愤怒埋怨之色，仍然若无其事，既往不咎。虽然痛苦，但是舜却更加用心地侍奉父母、更加谨慎地对待弟弟了。

《弟子规》中有句话："亲爱我，孝何难？亲憎我，孝方贤。"

父母家人亲爱我，那么让我尽孝有什么难的呢？最难的是，父母家人讨厌我，我还依然对他们尽孝，这样的孝才更体现贤德。

舜，恰恰就是这样一个"孝方贤"的人。

人们看到小小年纪的舜竟然如此孝顺懂事，没有不感动的。历山的农夫常常为了田地而争夺打斗，舜尊老爱幼，用自己的德行去感化他人。这些农夫大受感动，从此再也不互相争田地了。

舜的一片孝心，不仅感动了农夫，还感动了天地万物。传说舜在历山耕种时，大象都来帮他耕地，鸟儿来代他除虫。人们无不惊讶感叹，德行的力量竟是如此巨大！

这大概就是《孝经》上所说的奇迹吧！

后来，尧帝年老体衰，想要找一个德能配位的接班人。众大臣异口同声地一致向尧帝推荐这个乡下耕地的农人——舜。

舜后来去治理一个叫陶河的地方，这个地方土壤不佳，出产的陶器十分粗劣。令人惊讶的是，舜在此地治理一年后，连陶土质量都变好了，所做出来的都是一流的陶器。大家都认为这是舜的德行感召的结果。

后来，只要是舜所居处的地方，都会有很多人慕名赶来。一年即成村落，二年成为县邑，三年就成为大都市。这就是史上有名的"一年成聚，二年成邑，三年成都"。

如此显贵的地位，如此赫赫的功劳，舜却并不感到特别欢喜，他经常悲伤地说："即使我做到今天，父母仍然不喜欢我。我作为天子、帝王，又有何用呢？"

舜一直都孝顺父母，善待弟弟。最后，皇天不负有心人，舜终于感化了他的父母、弟弟，一家人团结和睦，过着幸福快乐的日子。后来，有人编了一首"虞舜孝感动天"的偈子：

古有虞舜永流传，二十四孝列首位。
父不慈祥弟傲慢，母出谗言百般害。
修筑米仓放火烧，开挖水井填通道。
多难一生逃死劫，不怨父母不怨弟。
大象小鸟齐力助，荒山开垦变良田。
孝感动天尧帝知，禅让佳话传千古。

或许，天人感应只是人们的一种美好愿望，但我宁愿相信它的存在。也许我们创造不了奇迹，但至少我们的心会因此踏实安稳。天人感应，孝感动天。只要万民一心向善，上天自会佑护众生，降福施瑞，如此，人间便一切安好。

这样就好。

图书在版编目（CIP）数据

伦常的法则：《孝经》道理／刘春颖著．— 郑州：海燕出版社，2013.9（2017.2 重印）
（华夏文库）
ISBN 978-7-5350-5522-4

Ⅰ．伦… Ⅱ．①刘… Ⅲ．①家庭道德－中国－古代－通俗读物 Ⅳ．① B823.1-49

中国版本图书馆 CIP 数据核字（2013）第 150159 号

华夏文库 经典解读系列

伦常的法则

——《孝经》道理

刘春颖 著

出版发行：海燕出版社
（郑州市北林路 16 号　450008）
发行热线：0371-65734522
经　　销：全国新华书店
印　　刷：恒美印务（广州）有限公司
开　　本：635 毫米 ×965 毫米　1/16
印　　张：10.5 印张
字　　数：85 千字
版　　次：2013 年 9 月第 1 版
印　　次：2017 年 2 月第 5 次印刷
定　　价：18.50 元